◎没有两个人是一样的。

——十二条前提假设

◎沟通的效果取决于对方的回应。

——十二条前提假设

◎ 每个人都具备使自己成功快乐的资源。

—— 十二条前提假设

◎一个人是不能改变另外一个人的。

——十二条前提假设

◎ 每个人都选择给自己最佳利益的行为。

——十二条前提假设

◎ 动机和情绪总不会错，只是行为没有效果。

——十二条前提假设

◎重复旧的做法，只会得到旧的结果。

——十二条前提假设

◎凡事必有至少三个解决方法。

——十二条前提假设

◎在任何一个系统里，最灵活的部分最能影响大局。

——十二条前提假设

◎我们只是活在由自己的感官所塑造出来的主观世界。

——十二条前提假设

◎没有挫败，只有回应讯息。

——十二条前提假设

◎有效用比只强调道理更重要。

——十二条前提假设

幸福的真相

◎ 李文超 徐秋秋 著

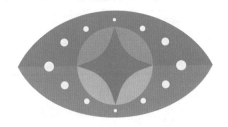

台海出版社

图书在版编目（CIP）数据

幸福的真相 / 李文超，徐秋秋著 . -- 北京：台海
出版社，2021.9（2022.3 重印）
ISBN 978-7-5168-3101-4

Ⅰ.①幸… Ⅱ.①李… ②徐… Ⅲ.①幸福—通俗读
物 Ⅳ.① B82-49

中国版本图书馆 CIP 数据核字 (2021) 第 167341 号

幸福的真相

著　　者：李文超 徐秋秋

出 版 人：蔡　旭　　　　　　　　封面设计：异一视觉

责任编辑：魏　敏

出版发行：台海出版社
地　　址：北京市东城区景山东街 20 号　　邮政编码：100009
电　　话：010-64041652（发行，邮购）
传　　真：010-84045799（总编室）
网　　址：www.taimeng.org.cn/thcbs/default.htm
E－mail：thcbs@126.com

经　　销：全国各地新华书店
印　　刷：三河市金元印装有限公司
本书如有破损、缺页、装订错误，请与本社联系调换

开　　本：710 毫米 × 1000 毫米　　　1/16
字　　数：290 千字　　　　　　　　　印　　张：27.5
版　　次：2021 年 9 月第 1 版　　　　印　　次：2022 年 3 月第 2 次印刷
书　　号：ISBN 978-7-5168-3101-4

定　　价：79.00 元

拥有探索心灵世界的勇气

在我做心理辅导的这十多年里，很多人带着问题走进课堂，问我最多的问题就是："怎么才能更幸福？"我的回答是："答案就在你心里。"每当我这么回复时，他们或困惑或一知半解，再问："可是我不知道啊，所以我才来上课啊。"其实这就是答案。

怎样才能更幸福呢？当一个人真正了解了自己，弄清楚真实的自己需要什么，他自然就找到了幸福的方法。

幸福对一个人，究竟意味着什么？我们每个生命体都生长于完全不同的土壤中，对幸福的追求也不同。所谓的金钱、物质、爱人、孩子、睡眠、食物、朋友……我们可以说，这些都不是幸福的终极真相，但对很多人来说就是当下幸福感的来源。一个饥肠辘辘的人眼中的幸福或许是一顿美食；一个被爱情伤过无数次的人或许觉得有一个爱自己的人就是幸福的；一个求职未果的年轻人或许觉得拥有朝九晚五的工作就足够幸福；一个朝九晚五的职场人或许把一夜暴富作为自己幸福的源泉；一个财富满贯的事业成功人士或许认为能睡一个好觉就是幸福……幸福，仿佛都在别人的人生里，与自己"绝缘"。但其实，幸福不在眼中，而在心里。对于任何人，我们都不能给一个精准的幸福是什么的答案，因为幸福是因人而异的。但当一个人能够学会把看向外界的眼睛转向审视自己的内在世界，能够从"向外求得"转向"向内创造"时，他自然就触及了幸福的真相。

所以幸福的真相，就在于改变内在心智，从"心智小孩"成长为"心智成人"，告别单一、僵化、退行的行为模式，以灵活、有力的方式创造自己想要的生活。"心智成人"有三个特点：

一、心智成熟。能够找到自己的身份与定位，接纳自我，对自我存有清醒认知。

二、灵活有力。能够以灵活、有效的行为应对不确定的现实与挑战。

三、主动创造。能够积极创造一切去满足自己，不依赖他人，不亏欠自己。

这，就是幸福心理学的研究内容。幸福心理学，是教会人们如何获得幸福的科学。人的一切活动都没有离开过心理学。心灵的世界远比想象的更精彩、更宏大。我们每个人生活在这个世界上，随着外在自我（生理自我）的成长，内在自我（心理自我）也在完成一个个任务中成长。按照心理学家埃里克森的人格发展理论，人类个体从出生到死亡要经历八个至关重要的心理任务期，比如婴儿前期需要学会信任他人，如果完不成这一任务，那个体从生命之初就缺乏信任感；比如童年期需要被允许去探索世界，培养能力，如果完不成这一任务，孩子就会产生自卑感，等等。如果个体在相应的发展阶段没有完成相应的心理成长任务，那么心智发展就会出现停滞，远远落后于生理自我的成长。这样的成年人，心智是孩童般的，在面对成人世界的关系、工作、生活时，就只能用孩童思维来解决，这些孩童思维是幼稚的、不成熟的、无效的，于是会经历一次次的挫败，进而蜷缩于颓废、麻木、逃避、痛苦、彷徨、孤独、失落、无助的状态里，与幸福渐行渐远。

怎么走出心灵的这一困境呢？怎么让"心智小孩"长大、让心智获得发展和成熟呢？这就是幸福心理学要解决的问题，同时是我们写这本书的原因，也是本书的核心内容。本书用通俗易懂的语言全面、透彻地阐述了幸福心理学的二十个议题，这些议题包括心智策略、人生脚本、界限、自我、戏剧三角、限制性信念、潜意识、经验元素、冰山图、前提假设、理解层次、心灵空间、与父母的关系、与自己的关系、沟通及训练、情绪及训练等。通过阅读与学习，你可以学会解决与幸福相关的自我问题，挖掘内心所拥有的积极资源与力量，掌握灵活的行动策略，创造出属于自己的幸福之路。

查尔斯·赫尔曼·利亚曾经说："一般，人们都会承认，对一切图书的真正考验是在于它们给读者的生活和行为带来了怎样的影响。"我们希望本书能够通过这种考验，给你的生活带来持久的影响，本书所具有的优点及价值值得强调。

第一，理论严谨，内容系统。作者作为国内率先提出、阐述、架构幸福心理学体系者，十多年来在钻研精神分析、萨提亚家庭治疗、催眠、完形法、人本主义及神经语言程序学、家庭系统排列基础上，形成了关于心理咨询和身心疗愈的幸福心理学系统架构，基于本体系内容研发的系统实操训练课程使得上万人受益。在十余年里，我们不断结合实践反馈更新理论，不断迭代内容逻辑与体系，从而有了这本关于幸福心理学的经典之作。

第二，语言通俗，简明易懂。这本书的文字风格，我们经过反复打磨，易稿数次，力争有找寻幸福诉求的大多数人都能够通过自主阅读就可以消化、吸收内容。所以翻阅本书，你会发现文字非常生活化，用人人都懂的语言来输送、传递艰深的心理知识。当然，我们希望你拿到本书后能慢慢读、数次读。

第三，学以致用，适合自助。心理学的要义是"助人自助"，幸福心理学的真谛在于"造福"。因而，本书有着非常丰富的心灵练习，可以帮助你平静内心，慢慢抵达内心深处，看见真实的自己。为了让你更好地把这些知识用起来，我们还准备了"心灵练习手册"，在你每每不如意时就提笔做做，在忙碌无序的生活中与自己对对话。

第四，兼具疗愈性与成长性。或许现在很多人对心理学存有误解，依然觉得心理学是针对患者或病人的科学，但事实上，心理学无处不在，人人必需。它并不是在你"病入膏肓"时才需要的救命药，而是生活中每天都需要汲取的心灵营养品，不仅是教育、商业、企业、学校、家庭需要，我们每个人都需要借助它来实现个人成长、改善关系、重塑行为、管理情绪……在心理学的庇护下，我们可以找到自己舒服又积极的成长之路，在人生这趟短暂的旅程上收获丰盈的自在与美好。所以它的使命是走进每个灵魂深处，去陪伴自我，去庇护心灵。

第五，本土化的幸福心理学。我们常说艺术与知识无国度，这点没错。自古学问浩瀚如海，不分东西方，但中国人有着属于自己的民族潜意识、文化底蕴，有着独一无二的心灵成长土壤。我们在融合西方心理学及东方人文特征的基础上发展出具有中国特色的本土幸福心理学，希望它能够更好地服务东方人的心灵。

所以，这是一本关于幸福的答案之书。如果你问我幸福是什么，现在我有更好的答案：看看这本书吧。你会找到属于你自己的答案。我们每个人都是有选择的，也是可以选择的。我们可以选择掌握幸福的艺术，让自己成为一束光，因为总有人会借着它走出黑暗。

黑格尔说："一个民族有一群仰望星空的人，他们才有希望。"心灵世界浩瀚而深邃，只有走入心灵深处遇见自己的人，才能成为仰望星空、驱走黑暗的掌灯人。当我们能够借助心理学从更宏大的视角来回望过去与当下，我们会发现，你我都开始散发出璀璨的光芒。

谨以此书献给所有的心理学大师们，是他们给予我们在心灵世界掌灯前行的勇气，让我们站在他们的肩膀上去眺望未来。

谨以此书献给所有想要提升幸福感的人们，愿你们永葆对生命的智慧与热情，在人生道路上快乐前行。

李文超

幸福心理学：带你找回本来的自己

心理学无处不在，有人的地方就有心理学。我们可能对心理学都不陌生，但在很长一段时间里对心理辅导是有误解的。我们总认为有了病才会去做心理辅导，甚至还会把医院里的精神科等同于心理辅导。但事实并非如此，心理学无处不在，人人都能借助心理学让自己变得更好。很多时候，我们会困惑为什么人际关系会出现问题，却不懂得利用心理学帮自己答疑解惑。

其实，心理学就像是我们的日常保健，有病治病，无病强身健体。当然，我更希望大家能用心理学来强身健体，把自己与他人的关系经营得更好。在生活中，我们时时刻刻都需要与人接触，可是我们生活的艺术感到底有多少？向他人诉说心里话的时间有多少？情感流动的机会有多少？心理学其实是一门生活的艺术，是人与人之间关系的艺术。**当我们懂得使用心理学，我们和孩子的交流就能更有艺术感，和伴侣就更会谈情说爱，而不只是活在物质里。**在这个前提下，补充心理营养就变成我们每个人都要做的一件事，而不再是追求一件奢侈品。心理学能提升我们的生活品质，提升与人交流的情感品质。我们不是物质性生物，也不是单纯为了生存需要而存在的生物，只有经过情感的滋养，我们才能补充更多的心理营养，进而产生更多的生产力和创造力。

幸福心理学实操技能可以让我们更好地了解心理学、心理咨询、心理辅导，最终实现自我成长。这一技能的操作性更强、更容易落地、更实用有效，它像一面镜子照亮我们的生命本有的觉知，让我们开启资源模式，活出最佳状态。其实，不只是心理工作需要实操，关系中的爱和情感也需要一定技巧，而不是仅仅靠"爱要大声说出来"就可以。我们不要以为心理辅导就是单纯地在谈话，心理咨询师就是"高级陪聊"。其实这个过程需要很多实操技巧、心灵知识和内在探索。特别是幸福心理学实操技能包含更多的身心运作过程，这个过程以练习为主，以语言为辅。我们都知道，**语言是窥探一个人内在心智的窗户，如果我们想改变某个人，并不是简单地通过改变语言就能实现，而是需要借助内在心智策略的切换。**

幸福心理学实操技能还可以帮助那些理论知识扎实，但实操技能有待提高的心理咨询师，帮助他们更能从操作层面让来访者的内在发生改变。因为这套训练中有需要来访者用身体和心灵去完成的仪式，有情感的触动，也有咨询师探入到来访者内在的图像和测试性语言，甚至能让来访者跟着动起来，训练身体以能够配合完成这样的表达方式——而这些可能早已在他过往的人生中僵化了。比如，对于一个不懂得拥抱的人，咨询师给他做再多的心理辅导，教他说再多漂亮的话，他从心理咨询室走出来后依然不懂得如何给亲密的人一个拥抱，他的状况依然没有松动和改善。所以，**真正的心理辅导是需要身体和心灵同时参与的过程。**

　　这也是为什么我们一直强调实操技能的原因。想一想，在日常生活中，我们是不是早就忘记了仪式感？孩了放学回家后，我们已经 ·天都没有见到他了，本不该再唠叨一些人生大道理，而是需要一个简单的拥抱、拍拍肩膀等仪式，可是这些都被我们渐渐忽略，甚至遗忘了。我们可以回想一下生活里的小细节，有哪些是能够促进亲密关系的仪式？也许这些小小的仪式就能让家庭所有人的心理营养更加充足。不管是倾听、鼓励、拥抱，还是鞠躬、祝福、道别，只要让身心运作起来，就能让关系得到滋养。

　　让我们把心理学用起来，而不仅仅局限于认知的层面，这样我们就会发现生活品质能有本质的改善，而幸福感也会由内而外驻满心间。

目录

第十六章　沟通概论

第十七章　沟通的基本训练

第十八章　情绪概论

第一章 心智策略

人们所有行为的背后
都有一系列内在的心智策略。

美国家庭治疗师维吉尼亚·萨提亚认为，人们在面对压力的时候会有四种应对方式：第一种是指责，即通过评判来表达自己的内在情绪和力量；第二种是超理智，即通过理性头脑来思考问题；第三种是打岔，即通过一些无关的、毫无意义的言语或行为来打断别人，这种人看似很幽默，但他们的幽默感只是用来掩饰自己情绪的，这不是真的幽默；第四种是讨好，即通过委屈和贬低自己来得到别人的爱。

人们所有的行为背后都有一个内在的心智策略，这是比应对方式更深层次的部分。**所谓的心智策略，也称作心智模式，是指我们如何认识和理解这个世界，并相应地做出自己的反应。**作为成年人，我们在应对人、事、物时会使用各种各样的策略，在亲密关系、亲子关系、同事关系等各种关系中也会呈现出极具个性化的行为模式。这些外在的行为模式取决于心智策略，也就是说，我们有怎样的心智策略，就会表现出怎样的行为模式。那么，我们的心智策略又是从哪里来的？它在我们的生活中起着怎样的作用？我们最核心的心智策略又是哪一部分？

第一节　心智策略的性质：无好坏、无对错

我们的心智策略没有好与坏之分，只有有效与无效之别。每一种心智策略都是为我们所用的，只要我们曾经使用过某种心智策略，它就一定在某个时间内是有效的、能为我们所用的，甚至这种策略至今依旧有效。如果某种心智策略对于当下的我们是无效的，这往往意味着我们的心智策略太单一了。也就是说，我们在任何场合都会使用同一种策略，而做不到根据具体情境进行自由转换。

比如，一个企业家的事业经营得风生水起，这只能说明他在管理工作中所使用的心智策略是有效的。但是如果他将这种策略运用到其他关系中，可能就是无效的。在家里，他像个领导一样耀武扬威，结果孩子见了他拔腿就跑，爱人也不愿意跟他沟通；在朋友面前，他也像一个掌控者一样发号施令，大家也都刻意回避与他交往。这就是心智策略过于单一而造成的关系失败，他在不同的关系中都使用同一种心智策略，而无法针对不同的人灵活地选用不同的有效策略，这容易造成在某些关系中游刃有余，而在其他关系中却很吃力的局面。当然，从根本上来说，这种心智策略灵活性的缺失，正是源自大脑中没有其他可供选择的有效策略。

心智策略之所以无效，除了过于单一这个原因外，还有另一个原因就是过于自我。如果我们在任何时候都捍卫自己的策略，而不去主动理解他人的策略，无法主动跟他人产生心流和沟通，那就无法在关系中相

互理解、实现共赢。亲密关系中的两个人难免会吵架，但我们常发现一个有趣的现象，男女双方在吵架时常各自说一堆从自身立场出发的话，即用各自的心智策略来评判问题。这时的两个人仿佛处在两个世界里，都在各自的逻辑场景下表达自己，自说自话。过于自我的心智策略，会导致亲密关系中产生冲突。

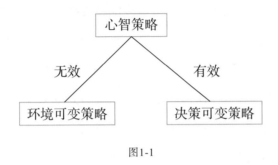

图1-1

按照对个体的发展是否有效，我们可以把心智策略分为两类：无效的环境可变策略和有效的决策可变策略。

第二节 受害者心态：无效的环境可变策略

所谓环境可变策略，侧重于在与外界人、事、物的互动中期待外界的改变。个体在使用这种策略时，往往会通过指责、抱怨、发脾气等冲动行为来跟对方建立连接，却不会真实地表达自己想要的东西。

我们谈恋爱，进入一段亲密关系，潜意识中一定是渴望自己更幸福、得到伴侣的爱，这是我们在亲密关系中都渴望达到的状态。这种渴望激发出的心智策略是：我们的幸福需要伴侣通过行动来实现。一旦我们有了这样的心智策略，当关系出现冲突或矛盾时，我们就容易渴望伴侣做出行动来解决冲突。对方不行动，我们也不行动，长此以往，关系难免出现问题。同时，我们的内心还会出现这样的声音："我现在不幸福，都是因为你，是你没有保护好我。"这种声音演绎出的外在行为就是对伴侣的指责和抱怨："你天天不回家，不陪孩子写作业，对父母也不上心，你心里到底有没有这个家？"结果导致对方急于逃避，不想直面问题。虽然我们内心深处渴望伴侣靠近自己、爱自己，但是这种心智策略却把对方推开。从需要的满足和关系的价值来看，这种策略就是无效的、有局限的、被动的。

生活中的一些人特别喜欢抱怨，事业不顺就抱怨社会环境残酷，孩子成绩不好就抱怨教育体制不完善，婚姻不美满就抱怨伴侣不理解自己，与他人关系疏远就抱怨亲友功利心重……总之，他们的焦点全部投向外部，完全忽略了自己的问题，这种环境可变策略会导致受害者心态。

在咨询中，很多来访者都有这种受害者心态，他们会想当然地认为自己的人生不如意，全部都是环境造成的。他们把所有的人生能动性都归因于外在环境、成长经历、原生家庭，把自我成长的责任全部推给了外在因素，这种策略指导的行为一定是把对方推开。这些来访者之所以心理层面会出问题，正是源自这种受害者心态。他们把改变的力量寄希望于外界，就相当于放弃了自我的能动性。把人生的主动权拱手相让固然显得轻松，却也会导致自我力量的丧失，从而陷入提线木偶式的人生。

我们表现出的所有问题基本上都与无效策略有关，如果某一策略对我们没有价值，那它肯定不会存在。也就是说，只要我们拥有某种策略，并在应急状态下选择这种策略，一定是因为它在我们成长的经历中曾经是有效的。但是我们的潜意识误以为这种策略在任何时候、任何情境下都有效，于是会在现实情境下自动使用它，可是它对现在的我们而言早已失效。所以，我们的问题跟策略本身无关，而是跟策略单一有关。我们使用过某种策略，并且切实感受到好处后，就会形成心理上的固化，在未来也会本能地使用这种策略，而忽略了它可能对现有情景未必有效这一事实。

如果一个孩子在小时候喜欢通过展示自己的脆弱来吸引别人的关注，那么他在成年后也会习惯性用这样的方式来博取他人同情。如果一个女孩子从小常看到母亲通过指责父亲来换回父亲对自己的在意，那她在步入婚姻后也会倾向于选择"指责"这种沟通方式。我们会发现，每个人身上或多或少都会保留有这样的环境可变策略。当然，我们并非刻意去坚守这些已经失效的策略——它们的运行往往是在潜意识层面上的。在清除这些无效策略之前，我们首先应该了解它们来自哪里。

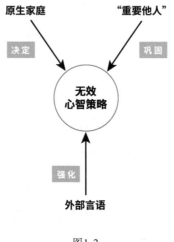

图1-2

1.原生家庭决定原始心智策略

　　每个人的成长都是从被动到主动的过程。我们在婴幼儿期几乎是完全被动的状态，会不加分别地吸纳所遭遇的一切。所以说，孩子最初看到的世界是空白的，任何一个孩子都要通过父母的眼睛来看世界。我们在童年时期所遭遇的事情，会决定我们形成怎样的原始心智策略，这些策略进一步决定了我们成年后所出现的行为方式。也就是说，我们当下所使用的无效环境可变策略源自童年经历。我们熟悉的、自动化的策略并非现在所创造的、习得的，在我们还是个小孩子时，就已经习得这样的心智模式了。我们在关系中的指责、抱怨、哭闹等行为并非故意而为，它们都有着最初出现的原始背景。虽然我们并不认为原生家庭是一切问题的祸端，可是在原生家庭中所养成的看待世界的方式确实对我们未来与世界的互动方式产生了深刻影响，形成了我们的初始心智模式。所谓的"六岁以后没有新鲜事儿""幸运的人用童年治愈一生，不幸的人用一生治愈童年"就是这个意思。我们现在的家未来都是自己孩子的原生家庭，因此"升级"我们的思维和心智，不仅可以让自己受益，还可以让孩子不输在心智发展的起跑线上。

比如，我们现在对爱人的指责，源自父母之间的相互指责。一个原生家庭中，母亲指责父亲的行为模式，会造成女孩子长大后对爱人的指责。很多女士的这种对外指责是因为她们从自己的母亲身上学习到了这样的心智模式。这就是心智策略形成的初始背景。

2. "重要他人"巩固心智策略

"重要他人"对我们原始心智策略的形成起到巩固的作用。"重要他人"是一个心理学名词，是指对一个人的人格形成起到决定性作用的人。"重要他人"可以是父母、祖父母、兄弟姐妹，也可以是朋友、邻居、老师。"重要他人"会为孩子的成长历程打上深深的烙印，因为孩子尤其关注来自"重要他人"对自己的评价，并努力从"重要他人"的眼中确认自己的存在。除了"重要他人"对我们的评价很重要，我们对"重要他人"的认同和模仿也会影响我们的心智模式。在跟"重要他人"的互动中，孩子会努力保留对方认可的行为，减少对方不允许或排斥的行为。比如孩子发现在主动做家务时，别人才会夸赞自己，他就会更有动力做更多的家务，并形成这样的原始心智策略："我帮助别人做事情，别人就会喜欢我。"那么成年后，他也会通过这样的策略来获得他人的尊重和关注。

3.外部言语强化心智策略

对于我们每个人来说，核心心智策略的产生一定源于自己最爱的人，可能是父母，也可能是其他"重要他人"。孩子会学习父母或其他"重要他人"的行为模式，并结合他们的反馈形成自己的心智策略。因此，外部言语对心智策略的强化作用不能忽略，很多孩子的心智策略之所以如此清晰、顽固，正是源于父母或"重要他人"反复提醒和告知的结果。

被反复提醒"你真是个好孩子"的人，会形成"他人比自己更重要"的心智策略，他们总是会过分考虑别人的感受，而忽略自己的感受，成年后在各种关系中也尽量呈现自己乖巧、温顺的一面，以此来强化自己对别人的好形象。也有一些父母会反复告诫孩子"男人都不靠谱""人不为己，天诛地灭""学习好才能出人头地"等，这些都会强化孩子形成相应的心智策略。**孩子一边看着"重要他人"所做的，一边听着"重要他人"所说的，他们深信"重要他人"的言行所传达的信息，并逐渐形成自己的心智策略。**当自己的言行被肯定时，他们就会坚信这种策略是有效的，但是孩子的心智是无法理解自己是以牺牲真实情绪和感受为代价的。

第三节　创造者心态：有效的决策可变策略

我们将有效的心智策略称为决策可变策略，这种策略是主动的、开放的、动态的，也往往是我们不熟悉的，需要进行自我创造的，因此，我们又将使用这种策略的心态称作创造者心态。**决策可变策略着眼于发展我们的内在力量，引导我们聚焦于激发自我的改变，最终引发外在环境的变化。**使用决策可变策略时，我们内在的主观能动性就会被激发出来，因此变得更开放、更灵活，在关系中也具有更大的主导权。在生活中，我们也很容易获得关于这种策略有效性的积极反馈。

当我们拥有决策可变策略时，会在关系中主动创造自己想要的一切。比如，我们渴望对方爱自己，就会主动表达自己想要的："我希望你对我好一点，我想让你抱抱我。"我们会通过言语和行为主动告诉对方："我爱你，我依靠你，你要对我好一点。"这时候，我们也会主动去改变自己，比如更加在意自己的言谈举止、穿着打扮，主动提升自己的魅力，主动靠近对方、吸引对方。

所谓角色的"切换"，其实就是策略的"切换"。如果关系中的双方都"切换"成决策可变策略，他们内部就会有这样的声音："你是我选择的伴侣，你是我决定共度一生的人，我相信我们可以处理好这段关系。我相信我们可以相爱，一起创造未来。"这时候，双方的角色也相应地发生了"切换"。

心智策略过于单一化或自我化的个体，需要的并不是改变自己，而

是增加自己的心智策略。只有像机器猫的口袋一样拥有很多策略，我们才能在生活中的不同时刻、不同场景下灵活多变地转换自己的心理策略。

我们学心理学，不是为了改变自己，因为改变在潜意识里意味着对过去的否定，而否定就是不接纳人生已经成为经历的那一部分，这会让我们变得痛苦、分裂。我们要学会的是增加自己的决策可变策略，以让自己用更灵活的方式面对未来的一切未知。

第四节 改变技巧：摒弃环境可变策略，增加决策可变策略○——

我们发现，很多心智策略不存在于语言里，而是存在于行为模式里。如果想要改变关系模式，我们不仅要了解心智策略的理论知识，还要付诸行动，这项工作的核心部分在于变局限为有效，变被动为主动。

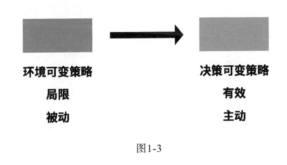

环境可变策略　　　　决策可变策略

局限　　　　　　　　有效

被动　　　　　　　　主动

图1-3

1.退行：引导个体看到自己熟悉的心智策略

如果我们要改变一个人的心智策略，只是告诉他"不要这么做，尝试换种方式"，这往往起不到效果。我们首先要引导个体看到他熟悉的旧有模式，了解心智策略形成的背景和经历，让他意识到原来自己一直在玩一个熟悉的游戏，而不是一个新的创意。如果他能够借此产生新的认知，其看待这些旧有模式的视角就会变得不同。

没有退行，就没有治疗。很多心理咨询师也会引导来访者回到童年去探索问题产生的原因，但是效果往往并不好。在做心理辅导时，不能为了退行而退行，我们需要通过退行找到童年时期情绪能量的"卡点"，然后转化当时没有被表达出来的感受和期待。退行，是为了引领成年个体看到童年的自己，看到自己熟悉的旧有模式，然后选择更智慧、更轻松、更具可能性的方式去表达爱。

如果一个妻子常常指责丈夫，那么我们可以引导她退行到童年，看看她是不是在习惯性地复制母亲的行为模式。也许她只是习得了母亲的行为模式——指责，却没有读懂指责背后的心理期待和隐藏的情绪，更没有读懂母亲是在通过这种方式向父亲表达爱。当她看到指责背后隐藏的爱时，旧有的心智策略就会松动，情绪的"卡点"就会疏通，内在小孩就会获得满足，再回到当下时，旧有模式的负面影响也会消失。这样，她就可以卸下成长经历里的包袱，重新面对自己的丈夫，而不再把他当成自己的父亲，像母亲指责父亲一样去指责他。

2.觉察：从"心智小孩"到"心智成人"

做完退行工作之后，我们会了解到自己的心智从原生家庭中传承到了什么。但要清楚，**退行的目的并非为了控诉原生家庭。**

首先，我们要意识到从原生家庭中传承而来的模式，是我们主观决定的。我们出生后接触的第一种关系就是与父母的关系，我们退行的目的是看到自己在父母的身上传承到了什么，然后发挥主动性去探索跟父母不一样的行为模式。比如，我们看到了母亲沉重的表达爱的方式，那么就可以有意识地选择更轻松的方式，这是退行的关键。

其次，从"我需要对方做什么"转化到"我可以自己做什么"。我们通过视觉、听觉、感觉这三大感官通道来加工外部信息并形成心智策略。孩子的理解力非常有限，他们通过这三个通道加工出来的都是别人对自己的反馈。也就是说，内在小孩看不到真相，只看到父母的行为，并借由父母的行为形成对自己的认知。孩子无法理解他人，当他们看到父母吵架时，无法理解父母原来在通过这种方式沟通、表达自己的观点，甚至这也是他们相爱的方式。

他们看不到父母内心的对话，无法理解父母内心的爱，只看到父母的相互指责。他们理解不了父母对爱的表达如此偏激是有特定原因的，他们只是看到了这种行为模式，听到了父母的互相指责，进而加工出自我的感觉：爱原来是这样的。所以，如果一个孩子感受到的是父母糟糕的互动模式，他就会对爱有糟糕的感觉。成年后在自己的亲密关系中，他也会不自觉地把这种糟糕的感觉演绎出来。如果我们不去有意识地觉察，就会带着童年时期加工出来的自我感觉去生活，而不在乎真相究竟是什么。

与孩子相比，成年人的心智更加成熟，除了视觉、听觉、感觉三个通道更加均衡外，还更能深入地理解他人。成年的我们不再只是基于三大通道加工的信息，而是可以在看到的行为的基础上，细致地听、认真地判断，并用同理心更真实地理解他人。所以，**心智成熟的成年人又**

叫作"心智成人"，即成年状态能够通过自我判断做出更智慧、更照顾全局的决策。当然，并不是生理年龄符合成年标准的人都是"心智成人"，如果在孩提时积攒下太多的负面情绪和能量卡点，那么成年后的我们在行动上就会缺乏理性。这就像机器一样，如果内在零件生锈严重，机器的运行就会出现故障。

当然，即便特别聪明的孩子，理解力也十分有限，这也是成年后的我们每个人都或多或少存有环境可变策略的原因。通过表达那些小时候没有被表达出来的情感需求，一个人才会真正走向心智成熟。所以我们要对自我怀有好奇心，去觉察自己旧有的熟悉的心智策略，关照那些未曾被触碰过的情感，并从"我需要对方做什么"转化到"我自己可以做什么"，主动去探索自我的主动性。

3.发展：增加创造性心智策略

最后一步就是要形成并增加自己的创造性心智策略。这要求我们要有承担的勇气——我选择，我承担。很多人虽然生理年龄很大，心灵状态却处在"心智小孩"的阶段。想要发展自己的创造性心智策略，我们就要像成年人一样去思考、去表达、去爱。

人生其实就是一场自我选择之路，当我们把解决问题的选择权交给别人时，就会处于被动状态，依赖于别人的改变，最终失去力量感。当我们把问题解决的选择权交给自己时，就会看到人生有更多的掌控性。所以面对无效的心智策略，我们不能怨天尤人，抱怨父母使我们形成这种策略，而是要看到小时候的自己主动选择了这种方式来得到父母的爱。

成年人的心理游戏和孩子的心理游戏有很大的不同：孩子的心理游戏遵循"我弱，你要给我"的逻辑；而成年人的心理游戏遵循"我付出是为了平衡内在良知里你对我的付出"，是一个付出与平衡自由流动的游戏。 孩子会哭喊着："妈妈，我饿。" 只要哭喊，妈妈就会来投喂。"心智成人"会说："我要给自己弄点吃的，我饿了。"一个"心智成人"会遵循这样的心理游戏，做关系中主动的一方，而不是像个孩子一样处在被动的角色上。对于"心智成人"来说，如果"我的付出"没有满足"你的需求"，那他们会承担付出没有回报的后果。身为一个成年人，我们需要有这种担当——我承担，我创造。

很多成年人依旧处在"心智小孩"的状态，在关系中还遵从着"我弱，你要给我"的心理期待，这个状态也可能带来一些好处，比如不需要负责，不需要承担，但是会让一个人永远拿不到关系中的决策权。成熟的大人会对自己的需要负责，会主动去创造机会满足自己，并使用灵活的策略去达成所愿，也敢于为这个过程的结果承担责任。

我们的人生都是自己主宰的，在成长中肯定也会犯错误，我们不能因为害怕承担错误就把主导权交给别人。发展创造性心智策略，就在于丰富自己成长的资源，并为己所用，这是成年人最该有的心灵状态。从被动策略到主动策略的转换中，我们需要走一段很长的心路，而且在发展主动的创造性策略时，我们会出现心智的退化，并在被动策略和主动策略之间反复徘徊。这是正常的——毕竟被动策略已经陪伴了我们很多年，而主动策略的习惯化需要时间。所以，我们要做的是让自己在新旧策略之间徘徊的时间越来越少，最终使自己能更轻松自如地运用新策略。

人生脚本

第二章

我们都活在自己无知无觉的
人生脚本之中。

　　人生脚本最早是由美国心理学家艾瑞克·伯恩提出的，他在《语意与心理分析》一书中对人生脚本作的定义是："人生脚本是童年时针对一生的计划，被父母亲所强化，从生活的经验得到证明，经过选择而达到高潮。"人生脚本和心智策略有着千丝万缕的联系，心智策略更强调行动，而人生脚本探索的是我们为何会有这样的行动。

　　我们可以借助两个练习来理解人生脚本。

人生脚本练习（一）

用几个词语来形容以下场景：

1. 小时候，爸爸是这样对待我的（写出直觉性的 6~8 个词语）。

2. 小时候，妈妈是这样对待我的（写出直觉性的 6~8 个词语）。

　　你会写什么样的内容？或许是严格、指责、挑剔、重视、要求、呵护、不许哭、没有感觉……

人生脚本练习（二）

　○ ○ ○

保留父母对待自己的词语，用于形容以下场景：

1. 现在，我也是这样对待伴侣和孩子的。

2. 现在，我也是这样对待自己的。

　　我们会发现，父母对待我们的语言方式跟我们现在的语言方式十分相通。也就是说，小时候父母对待我们的方式通常就是现在我们对待自己和他人的脚本。大多数时候，我们是参照脚本去行动。比如，如果父母对我们爱之深、责之切，那么我们对自己的要求也很高；如果父母很重视我们的感觉，那么我们就很渴望被重视，也容易在集体中突出自己的重要性。

　　当我们想刻意屏蔽某些感觉时，我们会拼命朝着脚本的反方向行动。这时，我们受伤的情绪其实并没有真正地释放。如果从来访者疗愈的角度来看，我们需要先让他再回到小孩子的状态，把这些情绪表达出来。即看见、体验后，情绪才会被释放。这也是我们常说的，**我们咨询师要处理的不是事件，而是事件里没有完结的情绪、期待、渴望。事件没有任何问题，那些未完结的情绪、期待、渴望卡住了我们。**

第一节 人生没有新鲜事

我们可以把人生脚本想象成人生这场戏的剧本，我们是人生的主演，并根据剧本演绎剧情。也许我们过去并不知道自己拥有这样的剧本，也不知道自己正在有意识或无意识地创作出现在的剧本。有些人上演的剧本可能就像肥皂剧，演完了一集又一集，一直在强迫性重复。当我们读到这个脚本以后，就要意识到脚本的主人是自己，也唯有自己能改写剧本的结局，这是我们探索人生脚本的意义。

比如小蝌蚪找妈妈、爸爸去哪儿了、不被爱的孩子、母鸡中的战斗机等，当然也一定会有更多隐喻的剧本是更有积极力量的。我们会在潜意识里种下这些脚本的种子，然后在未来的关系中让这颗种子发芽、开花、结果，这个"果"就是我们当下的关系状态。但当我们意识到自己是剧本的编剧、人生的导演时，我们就可以开始创造人生的下半场，比如一个幸福的女人、一个成功的男人。通过隐喻的方式，我们能看清自己人生上半场演绎了怎样的剧本，仅仅能做到这个层面，我们的心灵层面就获得了一部分自由。

我有个同学最近在职场关系中不顺利，在学习了幸福心理学后，他找到了原因。小时候他和母亲的关系不好，两人一直是对抗的状态，母亲经常指责他、批评他，所以他对母亲总是有逆反心理。近期，公司"空降"了一位和他搭档的同事，50多岁，特别像自己的母亲，两个人在冲突中走向两败俱伤。其实，这就是在受人生脚本的影响，我们的潜意识会积极去提取能够配合自己的脚本并和自己一起玩这个游戏的人。也就是说，我们会"制造"出符合自己人生剧本的一些配角来配合作为主演的自己完成剧情。

所以从这一点上来看，我们的人生没有新鲜事。学习人生脚本不仅可以帮助我们认识自己，还能帮助我们理解他人，而且更不容易受伤。如果我们有一个爱指责人的搭档，就能很快地分析出：他就是这样对待自己的，他也是这样被对待的。这样的解读方式会让我们更放松，不会用别人的武器来伤害自己。因为我们知道，这个武器是他从小到大锻造出来的，是属于他的武器。作为助人者，心理工作者有了这种觉察和理解力后，才能更好地支持来访者，帮助他不再使用武器伤害自己。**伤害别人的人，往往先伤害自己，他的内心已经伤痕累累。**所以我们说，看懂人生脚本，可以让我们更好地理解一个人。

第二节　脚本的本质：强迫性重复

当我们成年后有了伴侣，我们会发现伴侣对待我们的方式往往和父母很相似。事实上，即使伴侣没有像父母般对我们，我们也会教会他。这类似于我们聘请他来当群众演员，他必须按我们的剧本演戏。**别人如何对待我们，都是我们教会的**。所以，如果有人说"我老公不爱我"，我们就要问她"你是如何教会老公不爱你的"。当然，对方也许不会完全配合我们，这时就会涉及两种力量的对抗——你对他的影响和他对你的影响。如果对方的正向力量更强，他也会引导我们开始发生变化。如果夫妻二人都学习心理学，那么他们都会朝好的方向发展，并重新创作一个好的脚本。

我们每个人都会在自己的人生脚本里进行强迫性重复。所谓强迫性重复，是指我们会不知不觉地在人生各种关系里重复童年所形成的认知模式、行为模式。这也是我们总是试图改变他人的原因。我们潜意识上会不断努力吸引他人按我们的脚本角色来行动，而自己则可以待在舒适区里。比如有些女性来访者的爸爸经常打妈妈，如果未来她遇到一个男人对自己特别好，她会有什么感觉？她可能会不习惯，觉得自己不配，甚至都没有办法对男人发脾气。所以她的潜意识会不断引导这个男人对自己不好，只有当男人对她不好时，才能激发她的反抗。事实上，她的潜意识之所以有这种动力，是因为她习惯了妈妈对爸爸的反抗模式——当然，她很可能是在替妈妈反抗。

也有这样的女性，她的妈妈非常挑剔，经常指责自己的爸爸，因此她在择偶时会刻意选择和爸爸不一样的伴侣。其实这种逆脚本行动的行为也有一种动力，这种行为背后的声音是什么呢？她想找一个妈妈挑不出缺点的伴侣，因为她已经受不了妈妈的指责了。我们从小到大一直在学习父母的互动模式，最终学谁取决于站在谁的阵营里。我们会发现，本来父母是一个阵营里面的夫妻，孩子却通常把父母放在两个阵营，而且通常站在他们觉得弱势的那一方，导致自己的行为模式跟父母中弱势的一方一样。

心理学会让我们的世界变得越来越简单。最初，心理学很简单，因为它只研究三个人，就是爸爸、妈妈和"我"；后来，心理学也很简单，它只研究两个人，就是妈妈和"我"——因为我们每个人和妈妈是非常亲密的关系；最终，心理学更简单，它只研究一个人，就是"我"。当我们清楚认识自己，就会发现以自己为核心的世界开始变得不一样。

第三节 潜意识人生脚本的意识化及转化

我们首先要改写的人生脚本就是避免将父母分在两个阵营中，我们不是父母任何一方的敌方或友方。如果父母在我们的心灵空间中是一个共同体，我们就会看到两个人的爱，而且觉察到两个人共同爱着自己，这时我们在亲密关系中感受的整合感会更多一些，分裂感更少一些。如果我们在人生脚本里选择和父母中的一方站在同一阵营里，就会自然而然地把另一方看成敌人，这样我们不仅会丧失一方的爱，而且会有分裂感。童年期的我们所形成的人生脚本里大多数是没有"我们"的，我们只知道妈妈如何，爸爸如何，"我"如何。所以，爸爸、妈妈、"我"这三部分都是分裂的，互相之间缺少整合。已经成年的我们觉察到这点后，要主动去创造人生脚本里"我们"的部分。

我们在关系中的一系列困惑，都可以去追溯一下自己的人生脚本。**我们现在活出来的世界，我们所创造出来的生活，都不过是我们内在心智策略的一个呈现，也是我们内在人生脚本的一个呈现。**其实做企业也一样，一个企业的状态一定是这个企业主内在状态的外在呈现，也是企业主的自我对话所呈现出来的状态。也就是说，企业的财富值其实取决于企业主的人生脚本，取决于企业主自我对话的高度。

我们人生的丰富度取决于脚本的丰富度，我们人生的导演、编剧和演员都是自己。我们会发现自己的人生脚本有很多矛盾点，既有爱的成分，又有被否定的、被指责的、高要求的成分，呈现出来的就是，我们既想追求高标准，同时内心又有非常多的自我批判。这导致我们在成功的道路上走得非常艰辛，这是自虐式前进。与其这样，很多人会选择不去努力追求成功，因为不去努力反而轻松一点，内心的对话和压力也不会被激发。有时候，我们会发现那些调皮捣蛋、学习不好的孩子很享受当下的状态，而学习好的孩子心理压力却特别大，他们担心自己不够好，担心自己会失败，并期待下次能够自我超越。事实上，他们的压力和纠结反映出父母常年灌输的自我对话式人生脚本。

小时候，我们听取父母的教导，长大以后，这些声音都内化成我们的内在对话，并在生活的各种情境下都冒出来。从这个角度上来说，有很多企业家或创业者很难成功，或者一直陷在不太成功的状态中，是因为他们的内在对话告诉自己，承受成功的压力比不成功要大很多。正如有些学习成绩好的孩子的社会适应能力或者成就并不像我们期待的那么高，就是因为这些孩子不一定真正喜欢学习，而是希望通过学习得到别人的认可，满足别人对自己的期待。他们的人生脚本里有这样的内在对话：**我需要别人对我的认可，这样我才会有价值。**

现在再回顾一下前文练习中写的那几个词语，看看有哪些是已经不适用而我们依然坚持在用的。当我们用这些词语来要求自己时，会有什么体验或感觉？借助这个来思考，我们在人生中有多少时刻是真的在为自己而活，又有多少时刻仍然活在别人眼中？很多人的人生脚本就是做父母眼中的好孩子，正应了上面那句话：**孩子从父母的眼睛里认识自己。**所以每当好孩子用"父母的标准"来要求自己的时候，他们就是在证明别人眼里的自己足够好。这些外在标准也许并不存在，他们甚至也会给自己虚构一些"他人的标准"。他们宁愿活给虚构的他人看，也不活给自己看，这种好孩子长大后就会活得很累。

我们怎样对待自己，也一定会怎样去对待别人。这个世界上没有他人，只有自己。当我们看到自己的人生脚本，并开始对它产生好奇时，疗愈就已经开始了。看到问题是解决问题的基础，瑞士心理学家卡尔·荣格说过："除非我们把潜意识里面的东西意识化，否则我们就会追寻它一辈子。"潜意识就是我们无意识的脚本，精神分析和疗愈的原理就是让我们把潜意识里面的东西意识化，通过分析，我们就能看到它，进而才有改变的方向。

从幸福心理学视角看，转化脚本不是要丢掉脚本。潜意识有一个习惯：选择比从零开始更容易。所以曾经的人生脚本是支持我们过往经营人际关系或自我成长中的原动力，只是脚本的策略太单一，选择性太少了。那么选择从哪里开始呢？幸福心理学认为，我们原来的人生脚本里有核心的、很重要的资源，我们要加以选择，好好利用起来。

比如一个乖女孩的人生脚本是"讨好妈妈，让妈妈认可自己"。这个脚本的核心资源是"爱"，但她只用了一种策略来诠译，即"讨好"。如果她能在"爱妈妈"这个核心资源上发展一些其他的积极策略，她的脚本就更丰富、灵活了。比如除了"讨好妈妈"，她还可以让自己生活得更快乐、更放松，毕竟这是每个妈妈都期待的，也是爱妈妈的策略。

事实上，所有的心智策略，只要被用在有效的场景里，就都是有效的，但要学会转化。比如指责的背后是什么？如何转化指责呢？妈妈通过指责来表达爱，爸爸通过指责来提要求，我们也通过指责别人来表达自己的需求。所以从这些角度说，指责也是一个有效策略，只是天天用就达不到效果了。我们应该如何转化呢？我们可以将指责别人转化为直接表达要求，这也是后文要讲的问题框架和资源框架、正面描述和负面陈述的内容。

幸福心理学的资源视角就是让我们不去否定过往，而是学会从所有策略里面提炼出最核心的部分为自己所用。 孩子潜意识中对待父母的方式就是全盘接收：我想要妈妈的爱，就要接受妈妈的期待、指责和标准。成年人应更有能力选择：我只要妈妈的爱，不要随爱附加的东西，父母满足不了的，我还可以自己创造。很多成年人出现心理问题，根本原因就是不会选择。但我们要谨记咨询中的一个重要原则：不要拿走来访者的选择，也不要替他做选择，而是给他更多的选择。当我们能够给他更多选择的时候，他会自动自发地选择那一个对他来说最好的选择。

本章开篇关于人生脚本的练习，我们还可以延展开来。

如果我沿着现在的这个脚本继续往下走，5年以后会变成什么样子？

如果我给自己转化一个人生脚本，这个脚本会是什么样子？5年后又是什么样子？

我们可以基于现在生活中的一些困惑去探索一下自己的人生脚本是什么？

我们是什么时候安装这些脚本的？

基于原有的脚本及未来想要的关系状态，我们如何策划一个新的脚本，并成为自己人生的好导演？

这些都是我们需要思考的。通过对练习做进一步的延伸，我们更容易做选择。如果有些人生脚本是对我们有利的，我们可以继续用，而那些无用的、有害的人生脚本，我们可以想办法转化它。

我们会不断地扩大自己的范围，

并且不断"穿越"自己的空间。

虽然我们常常会用生活化的语言来表达专业的心理学知识，但还是要了解一些专业概念，比如界限。界限是家庭治疗理论的重要概念，指边界、分界线、情感距离，也就是说我们每个人都有自己的范围和空间，而且这个范围和空间是有限的。此外，我们还会不断地扩大自己的界限。当我们跨越自己的舒适区时，其实就是在扩大自己的界限。

我们每个人都有自己的界限，生活中有些人往往未经我们的允许就闯入我们的空间中。这种感觉就像自己的房子里住进了其他人，让我们感到非常不舒服。我们人际关系中的很多困扰正是源自别人没有尊重我们的界限感。同样，就像出国需要安检和护照一样，我们想要进入另一个人的心灵空间，也需要经过他的允许。很多人感慨婚后没有自由空间了，这种空间并非物理空间，而是心灵空间。

如同身体需要穿衣一样，界限就像是我们心灵的衣服。要尊重自己和他人的界限，不仅要懂得给自己的心灵穿上衣服，还要和他人的心灵保持距离。也就是说，懂得守护自己的界限的人，也能尊重他人的界限，其界限感是灵活且富有弹性的。

从词义上看，界限这个词好似很好理解，但是却难以触摸。我们可以做一个简单的练习来体验界限的存在。

界限体验练习

1. 找一个搭档，两个人在双方都觉得合适的距离上面对面站着。

2. 想象对方扮演着我们人生中的某种角色，并让对方带着那个角色的能量向我们靠近。

3. 当我们感觉到不舒服时，就让对方停下来。

　　这个时候，我们对界限的感受既直观又立体。在提到夫妻间的界限时，有些人可能会觉得，夫妻间有界限就意味着不够亲密无间，这恰恰能反映出这些人的相处模式存在问题，他们是通过牺牲边界来换取伴侣的认同或亲密感的。另一方面，如果有些人和伴侣之间没有任何界限，我们还要分析：这到底是一个成熟的成年人与伴侣的亲密无间，还是投射出一个孩子对父母的依赖。

第一节　界限的类型：亲密关系的三种心理距离

亲密关系之间，一般存在三种类型的界限。

图3-1

类型一：有合适的界限

只有当自己和别人有合适的界限时，才能真正有自我这个概念。如果没有界限，"我"又在哪里呢？我们通常说的做自己、找寻自己，其实就是找到并维护自己的界限。当然界限也是有弹性的，越有力量的人，界限的弹性就越强。

类型二：有重叠的地方

这也是一种亲密关系状态，代表着两个人的心灵空间，既有重叠的部分，又有各自独立的部分。

类型三：完全重叠

这种状态下，两个人的心灵空间完全重叠。如果是两个完全成熟的个体拥抱在一起，这才是真正的亲密；如果是心理年龄不成熟的人毫无距离感地拥抱在一起，就不是真正的亲密，而是一种相互纠缠。

第二节　界限的本质：界限是一种心智策略

我们在前文中提到无效的心智策略，其中一个特点就是单一性。其实界限也是一种心智策略。有些人的界限是固化的，他在和任何人的关系中都有着相同的界限，那么这种界限可能在某些关系中就是无效的。所以，我们需要研究和探索的是自己的界限够不够灵活？有没有固化？当我们进入亲密关系中时，如果依然维持原来的界限，那这种界限在当前的关系中就是无效的；当我们刚进入一段陌生或不太熟悉的关系中时，如果用亲密关系中的界限来开放自己，那可能会对我们自己造成伤害。因此，我们要灵活掌控自己的界限，让界限富有弹性，并且能够自如地在各种关系中调整界限的边界。

那么，我们如何让自己的界限与他人同频呢？我们每个人的内在都有与伴侣进行心灵沟通的需求，想要与伴侣保持最舒适的心灵距离，我们就要探索一下伴侣在亲密关系中对界限期待是怎样的。如果伴侣理想中的亲密距离是相对较远的，也就是无法与他人全然亲密，那我们就会有失望的感觉，并且在关系中呈现出各种各样的纠结状态，在理性层面两个人也会有更多的碰撞、抱怨和冲突。这实质上就是就是因为我们对界限的需求没有与伴侣的需求共振，双方无法带动对方以达到彼此满意的界限状态。**婚姻不仅仅意味着一个男人和一个女人的结合，还意味着两个人共同组成一个更重要的部分——我们。如果只有"我"和"你"，每个人都活在自己的空间里，而忘了"我们"，那么夫妻之间必然产生很多冲突。**

不少人都有过这样的体验：他们在与网络中的人聊天时会觉得更亲近一些，没有界限感，反而在与现实世界中的亲友相处时，会有更多的防御。其实，这并不意味着他们和网络中的人心理距离更近，而是用这种没有界限的方式换取虚假的亲密。本质上来说，我们在向一个陌生人述说自己最隐私的事情时，这本身就是有边界的——因为我们知道他不会伤害到自己，这种具有安全感的自我暴露反而让我们与对方建立起虚假的亲密。这就如同我们在摸到毛茸茸的布偶玩具时，会有温情感，这就是虚假的亲密，并不是真正的亲密。

真正的亲密一定是建立在两个独立的、成熟的、自由的个体之间的。如果一个人内心不成熟、不独立，那他很难跟别人建立起真正的亲密关系。这种人可能身边没有知心朋友，但可以跟陌生人很聊得来。他们没有办法对亲近的人敞开心扉，可能因为曾经被最亲、最爱的人深深伤害过，而对陌生人能够敞开心扉，事实上是一种变相的自我安慰，这和对着树洞说话是一样的。他们或许曾经对着最爱的人敞开过心扉，可是却受伤了，导致现在无法建立起真正的亲密关系。他们是因为在过往的经历中受过伤，使得内心不够独立而自由。

在关系中，我们通常会用交换的方式来换取联结和认同。比如，孩子会用"学习好"的方式来换取爸爸妈妈的关心，但或许他并不是真的喜欢学习，这种就是界限不够清晰的表现。再比如，我们往往会向伴侣控诉："我已经把银行卡密码都告诉你了，你也应该向我无条件坦白。"其实这种主动的敞开并不是无目的的敞开，也不是真正有力量的敞开，而是试图走进对方，甚至以侵入的方式来占有对方。要知道，一个有力量的人可以做到自由敞开，没有力量的人才会试图紧紧地抓住对方。

第三节　界限与关系：尊重自己和他人的界限

有不少咨询师的伴侣都抱怨道：自从伴侣学了心理学以后，自己就少了一个爱人，多了一个咨询师；孩子就少了一个爸爸（妈妈），多了一个咨询师。这也是个体缺乏界限感的表现。我们每个人都扮演着很多角色，而且每一个角色都是有界限的，我们在扮演不同角色时要学会自由地"切换"到合适的位置。咨询师回到家后，就应该进入伴侣的角色、父母的角色。这才是真正做到了尊重界限，也就是既尊重了自己的界限，又尊重了家人的界限，更尊重了家庭的界限。

想要为自己不同的角色划定最适合的界限，首先，我们要有界限的意识。很多咨询师对来访者有助人情结和拯救者情结，但只有当他们能够忍受来访者待在原来的状态中不改变，忍受来访者做完咨询后没有任何效果时，才是真正做到了尊重来访者的界限。所以，我们要正确认知界限这个概念，并在生活中树立界限意识，而不是仅仅在头脑里认识而已。为什么有些人学了心理学后生活没有任何变化呢？因为他们只是把知识放在了头脑里面。对于任何知识的学习，只有在生活中身心共同去感受，才能做到真正地理解，比如界限体验。界限体验练习就可以帮助我们用身体来认识和体验界限的真正内涵。

其次，我们要尊重他人的界限。在咨询师的基本理念中，其中最重要的一条就是尊重来访者的界限。用一个形象的比喻来形容的话，界限就像我们进入别人的房间之前要先敲门。**在关系中，猜测是一种相对**

幼稚的状态，而核对是一种相对成熟的状态。一个心智成熟的人懂得如何去核对，而不是仅仅凭借自己的主观判断去猜测对方。同样，当咨询师想要帮助来访者时，也要先敲门询问对方需不需要。来访者是否需要帮助，完全取决于来访者自己。那身为咨询师，我们又能做什么呢？那就是变换各种敲门的姿势，以达到让来访者舒服的目的。我们在和孩子互动时会发现，孩子都不喜欢过于严肃的人。因此如果我们能够以游戏的方式很活泼地敲门，让对方非常开心地开门迎客，才是对对方界限的真正尊重。

在教育孩子上，我们要努力让孩子更早地划出自己的人生界限。婴儿是没有边界的，他们最初待在妈妈的子宫里，与妈妈融为一体。在从妈妈的肚子里分娩出来的那一刻，婴儿的成长过程就一直伴随着分离，分离的成熟度或者完整度取决于他们能不能够为自己建立界限感。很多人虽然在生理年龄上已经是成年人，但是他们的心智依然不够成熟，没有界限感。这些人从小就缺乏对人生界限的意识和构建。所以很多时候，作为父母的我们不要轻易地为孩子做决定，而是要训练孩子为自己做决定的能力。当孩子开始为自己做决定的时候，也就是在为自己设定界限。

对于父母，我们又该如何与他们保持更好的界限呢？同样，我们依然要努力为自己做决定，而不是把决定权交给父母。很多成年人之所以心智不成熟，主要因为有这样的关系认知：我和父母在一起的时候，主角是父母，而不是我。在我们的人生里建立跟父母更好的界限感，关键要明确，我们是自己人生的主角，不再以父母为核心，不再围着父母转，并相信自己有能力自由决定创造一种怎样的关系。

第四节　新界限：有弹性的界限是最舒服的

我们要懂得在各种各样的关系中去觉察界限。比如，如何维护自己的界限，如何尊重他人的界限，如何融合各自的界限并创造属于共同的部分。也就是说，我既要随时随地和"我"在一起，又要随时随地和"你"在一起，还要随时随地和"我们"在一起。所有在界限中的这些感受都**"以我的觉知为中心"，其真正的意思是：我是自己世界的主人，我可以自由地做决定。**

学心理学有一个好处是，我们在觉察各种关系时会有更多的艺术感。比如养育孩子这一问题，我们会发现其实并不是孩子离不开我们，而是我们离不开孩子。虽然孩子已经不需要我们再为他做什么了，他也已经有足够的力量为自己做所有的事情，但是我们需要孩子需要我们，因为只有这样我们才能找到当父母的感觉，我们的爱也能够被诠释。

接下来的界限体验练习能帮我们更好地觉察界限。找个人，两个人面对面，试着对对方说出以下三句话，然后体验是什么感觉。

界限体验练习

1. 我爱你，你要听我的。

2. 我爱你，你要成为我满意的样子。

3. 我爱你，你要为我的人生负责。

　　爱是一件很美好的事情，但这三种爱让我们感受不到美好和力量感，这是因为这三种爱是没有界限的。如果我们经常对伴侣说这三句话，或许是因为我们从小就没有建立界限感，我们是在模仿父母的亲密关系或者理想中的亲密关系模式。我们常常在婚礼上看到这样的场景：爸爸把女儿的手放到女婿手里，并告诉他"从今以后，我就把女儿交给你了"。其实在潜意识层面，这是一种负面的催眠：我的女儿没有力量为自己做决定，只有女婿才有力量。如果女婿认同并接纳了这一点，他就要终身对妻子负责任。这样的关系不是真正的亲密，而是一种纠缠。

　　正如舒婷在《致橡树》这首诗中所写：我如果爱你——绝不像攀援的凌霄花。**我是我，你是你，同时还有"我们"，这才是真正的亲密。**也就是说，最理想的界限是"1+1=3"的状态：我能接受你的爱，你也能接受我的爱，同时两个人的爱又能呵护"我们"这个部分。在这种状态下，我们每个人都要尊重自己并留一只手给自己，也尊重对方并留一只手给对方，这样我们都有自己的独立人生。同时，每当我们在一起的时候，又会更多地去关注"我们"的部分，这样才有更自由的状态。

自己的事：全力以赴

别人的事：设定界限

老天的事：臣服尊重

很多时候，我们人生中的困扰并不是因为某个具体事件，而是因为我们没有区分清楚多个事件的界限，很多事情纠缠在一起。明确人生三件事，就能帮助我们把界限梳理清楚，这样我们的人生就会变得舒展又有层次感。那么，人生三件事有哪些呢？可以是昨天的事、今天的事和明天的事，也可以是家庭的事、环境的事和自己的事。我们这里要分析的人生三件事是：自己的事、别人的事和老天的事。

图4-1

第一节　人生三件事：自己的事、别人的事和老天的事

对于自己的事，我们只能自己全力以赴去做，别人做不了，也不应该替我们做。可是，我们往往把自己应该负责的事交给了别人，比如要求伴侣对自己的人生负责。当然，别人可能也会要求我们对他的人生负责，这也是他的事，至于我们要不要对他的人生负责，就是我们自己的事。

我们的心灵系统中有一个原则：一个人永远不能控制另外一个人。如果我们想去控制别人的话，哪怕是以爱的名义，以对别人好的名义，最终换来的也会是失落。 即使在亲子关系中，对于父母来说，孩子的事情也是别人的事，无论父母有多么爱孩子，他们都不能够代替孩子做决定，也不能替孩子活一生。

对于别人的事，我们要尽可能地把对别人的期待值降为零，因为对别人有期待也就等于把自己人生的钥匙交给了别人。当然，这并不代表我们对别人没有期待。在讲课时我经常对学员说："不要对课程有期待，不要对老师有期待，因为每当你对外界有期待的时候，就等于把主动权交给了别人，仿佛学习这件事不应该由自己负责任，而是别人对自己有责任。"如果我们不再对外界有期待，就开始变得对自己有期待。对自己的期待和对别人的期待是不同的，对自己的事，我们需要尽力而为，全力以赴；对别人的事，我们能做的只能是尊重，这就是界限。就像在进入别人的房间之前要先敲门，我们哪怕是在助人，也要敲一下门问对

方是否愿意接受。**所以对于咨询师来说，有一条关于界限的规则是：可以伸手，但是不用力拉。**西方谚语里也有一句相同意思的话：把马儿牵到河边，但不要摁它的头喝水。也就是说，我们要告诉来访者，自己永远会伸出一只手支持他，但绝不会评判他当下所处的位置好不好，也不会试图拉他出来，因为他不一定愿意接受。

生活中，我们很多人往往在没有征得对方同意的情况下就做出拉手的动作。咨询师在应对重大的社会创伤事件，比如说汶川地震、天津港爆炸事件时，就往往因为过于用力"拉手"而将事情演变成大家都不想看到的结果。这不是我们希望看到的现象，其背后的原因其实就是我们没有意识到界限的重要性，没有尊重别人当下的状态。我们不得不承认这一点——很多时候，我们太想用自己的爱来控制另外一个人了。

对于老天的事，我们能够怎样做呢？我们要学会臣服和接受。很多人拿着自己所有的生命力量去对抗命运安排的事情，那么只会感受到更多的痛苦。比如很多人会问："为什么老天对我这么不公平？为什么出车祸的偏偏是我？"关于臣服，很多人都有误解，认为是随波逐流，其实臣服是顺势而为。**一个成熟的人是懂得顺势而为的。**也就是说，我们所有的信念其实都是为了让自己能够自由地与环境相处，能够融入环境这条河流。只有当我们顺势而为的时候，才能够从周围的环境中抓到我们可以用的资源，创造出来所有想要的东西。如果说生命是一条河流的话，很多人用逆流而上的方式来感受自己的力量，寻找存在感，这更像是一种青春期的叛逆状态。成熟的人是可以顺势而为、顺流而下的。

第二节　自我觉察：区分并运用人生三件事

"人生三件事练习"可以帮我们探讨人生三件事在工作和生活中的运用，使我们更好地体会为什么我们的很多困扰都来自没有区分清楚"这是谁的事"。

人生三件事练习

1. 写一件困扰自己的事情。

2. 区分这个事件中哪些部分是自己的事，哪些部分是属于别人的事，哪些部分是属于老天的事。

3. 区分后说说对这件事的感受。

我有一个个案，在做完上述练习后是这样分享的：我和妹妹不是亲姐妹，但我很爱妹妹，也希望她过得更好。我想和妹妹建立更好的亲密关系，比亲生的还要亲。我对于人生三件事的区分是这样的——

自己的事：如何去爱妹妹，如何让妹妹感受到我的爱。

别人的事：妹妹不是爸爸妈妈亲生的，这是爸爸妈妈的事。妹妹可以过得更好，这就是妹妹的事。

老天的事：我们四个人组合成一个家庭。

当我们能够区分清楚哪些是自己的事以后，就可以更加聚焦和专注地去做一些真正能产生枳极效果的事情。"妹妹不是爸爸妈妈亲生的"这一事实就是别人的事，我们要采取尊重的态度。当然这个个案还涉及更深层的界限感，也就是她介入了别人的心灵和命运，这是我们下一个练习中要做的。生活中，我们总是试图介入别人的命运中，想要去帮助别人，这个出发点是好的，正如我们常说，心理学是助人的艺术，但是我们不能无原则地爱，而是要努力让自己的爱变得更有效、更有力量。

现实生活中，很多人往往把自己的人生和别人的人生纠缠在一起。比如很多来访者的物质条件十分优渥，可为什么还是不快乐呢？这其中常有一个最深层的原因就是：爸爸妈妈不快乐，所以我也没有资格快乐，我总想参与到他们的生活中去做一个拯救者。对很多人来说，自己的父母生活在一个物质匮乏的时代，那么无论他现在在物质上有多么富有，都会在心灵上把自己定位成一个穷人；如果父母是自卑的，他也没有资格自信。这就是因为没有把生命界限区分清楚，自己一直在背负着父母的命运。那应该怎么办呢？我们可以用"交还他人命运练习"来实践。

前文提到的个案很有代表性，她在生活中背负着妹妹的命运。这种出发点是好的，是源于对妹妹的爱，可是这种爱不够自由、不够放松、太过用力。其实有很多人在生活中都爱得太用力，却没效果，而越是没效果，他们越认为是自己不够努力，因此会更用力地重复使用同一种策略，重复过去的行为，却只能得到同样的结果。有效的新策略就是要尊重他、允许他、相信他、祝福他。也许我们在头脑里对这种新策略十分了解，但我们需要通过不断的练习让自己的身体知道，让自己的心灵知道，这样才能够真正爱得更自由。

第三节　自我关爱：照顾好自己的命运

"交还他人命运练习"可以一个人做，可以两个人做，也可以三个人做。如果是一个人，可以想象对面站着搭档；如果是两人一组，搭档可以扮演自己的爸爸、妈妈、伴侣、孩子、前任等"重要他人"；如果在一个团体中，可以三人一组，由咨询师引导两个搭档来配合做。

交还他人命运练习

1. 内心确定搭档正在扮演的某个角色（你有意或无意承担了照顾对方命运的人）。

2. 试着和搭档这样说："亲爱的××，我爱你，但我不能照顾你的命运。每个人都有每个人的命运，就像每个人都有每个人的支持！"

3. 找到一件象征物代表命运，然后将这件象征物交还给搭档，这代表把对方释放回对方的人生，同时自己也释放回自己的人生。

"我不能照顾你的命运"，这是一个很简单的事实，我们在理性层面能够非常清楚地认识到这一点，但很多人真的做不到。他们没有勇气承认自己能力不足，所以一定要求自己照顾好别人的命运，这在某种程度上就演变成要求自己一定要控制别人的人生。**爱别人，但要求别人遵从自己的想法，这就是一种控制。**

在做这个练习的时候，我们还需要一个象征物，比如名牌、纸张或围巾等。象征物是隐喻，我们要将这个象征物交还给对方，这个交还的动作就代表把命运一并交给了对方。这种仪式感是有疗愈作用的，仪式的含义就是：你有你的人生，我有我的人生，但我同样可以爱你、支持你。

每个人都有每个人的命运，就像每个人都有每个人的支持。虽然每个人的生和死都不是自己决定的，但这中间的人生故事是自己可以创造的。只要我们曾经来过人间，曾经活过，那就一定得到过某种支持，这是我们对更大的系统、更大的动力的一份深深的谦卑。如果关系中的两个人都能有这样的觉知，他们的关系就开始变得更加自由，更加有力量，爱也能在两个人之间开始流淌。

回到前文个案的分享，她过去给妹妹的爱可能让妹妹感觉很沉重，因为她的爱是建立在妹妹的弱能量场上的。她只要一开口，就代表她和妹妹不一样，代表妹妹是没有爸爸妈妈的，是一个孤单的孩子，是一个不被人爱的孩子，是一个被抛弃的孩子。事实上，这只是生命真相的一个版本的故事，是这个个案人生故事里的内容。可事实是，每个孩子都有自己的爸爸妈妈，从生命的真相来看，她的妹妹反而得到了更多的祝福。无论妹妹为什么来到她家，妹妹一定也是带着爱来的，一定是被支持的，所以妹妹比别的孩子还要多一份爸爸妈妈的爱。

我选择了两个代表，一个是这个个案，一个是她的妹妹，两人面对面站着。首先让她跟着自己的感觉来调整一下和妹妹的距离，这个感觉不是由头脑来决定的，而是参照身体的舒适度来决定的。调整好之后，我引导她将代表妹妹命运的象征物先放在手里，看着妹妹的眼睛，然后对妹妹说："亲爱的妹妹，我爱你，但我不能照顾你的命运。每个人都有每个人的命运，就像每个人都有每个人的支持。"然后慢慢地将妹妹的命运交还到妹妹手里，或者是放在妹妹的脚下，最后给妹妹一个拥抱。如果在做练习时感觉很难将象征物交还出去或者轻易放下，这个动作可以慢一点，不用着急。

另外，如果对方扮演的角色是自己的长辈，比如爸爸妈妈、爷爷奶奶、外公外婆或者其他长辈，那么我们交还完命运的象征物以后，还要有一个鞠躬的动作。这个鞠躬是双手下垂的，而不是鞠躬后立马直起腰来，鞠躬代表臣服和尊重。如果是平辈或者是晚辈，那就不需要鞠躬，只需要拥抱就可以。

心疼一个人，不如去祝福一个人。当这个个案把妹妹的命运交还给妹妹后，两个人在一起的感觉就是两个成熟、平等的个体在拥抱，而不再是一个在高处、一个在低处。这时，个案对妹妹不再是同情和心疼，而是给予与收获爱的力量。

第四节　自我探索：你活出了谁的命运

很多女性可能从来都没有做过妈妈的女儿，没有做过小女孩。她们有时候也在问：我到底是一个女孩还是男孩？是一个成年人还是小孩子？她们从小就很懂事，努力扮演成熟、乖巧、独立的角色，在生活中的状态就是：我没有做过小女孩，无论我的事业多么成功，我都觉得自己不够自由。还有一些女性觉得爸爸妈妈喜欢男孩，但自己是一个女孩，是自己不够好。所以她们一定要努力证明自己比男孩还要强，父母不应该爱男孩，爱自己才是对的，自己才是父母的骄傲。

我有一个个案，她一直认为自己找的老公是妈妈很欣赏的类型，生的孩子也是妈妈喜欢的性格，包括自己住的房子、开的车子都是妈妈所向往的，她觉得自己在替妈妈而活。针对这个故事，我们可以有两种认知，第一种认知是个案在替妈妈活，第二种认知是个案活出了妈妈没有活出来的部分。第二种认知显然更有力量，个案可以对妈妈说："妈妈，我活出了所有你没有活出来的部分。"这样个案就不再是为妈妈活了，能量也就开始转化了。个案还可以告诉妈妈："我送给你一个幸福和自由的女儿作为礼物，我用这种方式来爱你。"当妈妈说"你做的这些都是我想要的"时，她是在表达女儿替她"活"出来了，她也是在用这种方式来肯定和祝福女儿："你比我强，你现在的样子就是我想要的，就是我想要你成为的样子。"

很多个案在做交还命运给孩子的练习时不顺利，他们特别不舍，孩子也不想接受。其实，孩子不接受属于自己的命运，是因为他宁愿用牺牲自己的方式，也要满足父母的需求，这就是把界限纠缠在了一起。很多人不长大，就是为了"配合"父母对自己的爱。父母觉得孩子"什么都不行"，那孩子就有可能把自己变成什么都不行，来满足父母对自己的爱。孩子会"配合"父母变成一个弱孩子，这也是没有边界的爱。

父母常常感慨一定要好好管教孩子，其实并不是孩子真的需要我们管，而是我们在请孩子接受我们对他的爱。我们希望孩子和自己有一个联结，却忽略了另外一个事实：随着孩子长大，我们对孩子的爱有没有"升级"？在孩子小的时候，我们什么都替他做，但他现在长大了，我们有没有跟着他一起成长？从这个角度来说，所有的父母都需要学习，学习如何正确地爱孩子。

受害者、拯救者、加害者。

消极戏剧三角

第五章

戏剧三角是由美国精神病医生斯蒂夫·卡普曼提出的，他认为，我们每个人在心中都会上演一段三角戏剧，戏剧中的角色分别是：受害者、拯救者和加害者。我们每个人会不停地在这三种角色间转换，每当我们选择扮演其中一个角色时，身边的人为了维持三角的平衡，也会自动"切换"到相应的角色。

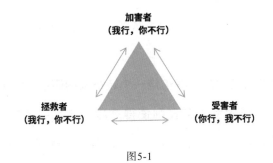

图5-1

第一节 受害者三角：受害者、拯救者、加害者

如果一个人在心理世界中扮演着受害者的角色，那么在他的人际关系中，就总会有人扮演加害者和拯救者的角色，以此来形成相对稳定、轻易不会改变的关系模式。受害者所感知到的生活都是不公平的，关系是令人心累乏力的，世界是残酷的，甚至所有人都是不善良的，都想要操纵和利用自己的，他们会长时间处于焦虑、害怕、羞愧等情绪状态里。他们最擅长的心智策略是抱怨、指责、合理化等。

加害者对世界和关系都存有敌意，为了获得关系中的安全感和掌控权，他们会通过言语和行为去控制对方，让对方感受到压抑、自我贬低和产生无力感。他们呈现出的情绪状态常常是烦躁的、易怒的、不平静的。

受害者和加害者的关系就仿佛一个跷跷板的两端，彼此一直在促进、强化和共生，而拯救者的存在则使得这段"施虐—受虐"的关系更加稳固。拯救者为受害者和加害者而奔波，他们会怜悯、心疼受害者，并因此迁怒于加害者。拯救者把拯救别人的人生当作自己的人生使命，并在为他人解决生活冲突的过程中体验到成就感和价值感。扮演拯救者的个体其实是自我加冕，因为没有人来要求他们拯救别人，他们只不过是放大了自己的作用。

我们可以通过一个例子来理解这三个角色概念。在一个家庭中，如果父母给孩子的感觉一直是对立的、分裂的，特别是妈妈很强势，爸爸

很弱势，那孩子就会在心里对父母下一个定义：爸爸是受害者，妈妈是加害者。接下来，他自然而然会产生这样的内部动力：我要做拯救者，去拯救处于受害者角色上的爸爸。这样，这段三角戏剧就上演了。

事实上，父母的这种关系模式常常是相互强化的，处在弱势地位的爸爸在"诱导"妈妈"欺负"自己，扮演受害者；处在强势地位的妈妈在被"鼓励"去"欺负"爸爸，扮演加害者。如果从这种更深的层次来分析的话，双方是在相互加害，相互受害。但是孩子看不到这个层面，他只会从自己的直观感觉、肉眼看到的事实来分析，所以他会扮演拯救者，并介入父母的关系中，去巩固和强化这个三角模型。

再比如，现在有很多二胎家庭，如果父母都很严厉的话，老大的性格就很容易自卑、敏感。等到老二出生后，老大就更会觉得孤单。这时候，老大特别容易将自己定义为受害者，并将父母和老二视为加害者。在有了这样的角色定位后，老大更会自怨自艾，抱怨父母的不公，埋怨老二的出生，再也没有承担责任的勇气。

第二节　角色潜台词：角色有什么好处

觉得自己的人生不快乐或者寻求心理咨询的人，多数扮演的是受害者角色。那么，他们让自己处在受害者的角色上，到底有怎样的好处呢？是什么样的"回报"会促使一个人几十年间都在内心重复这样的心理游戏？

1.症状获益

症状获益是心理咨询的一个专业术语，指的是通过表现出某些身体症状来换取一些收益。从潜意识的角度来说，个体的主要目的是通过这种方式来获得他人的关注。正如前面我们提到的二胎家庭，老大常常处在受害者的角色上，而父母和老二常常处在加害者的角色上，那么为了维持戏剧三角的平衡，这段关系中势必还会出现拯救者。也就是说，受害者会试图抓住点什么来拯救自己，可以是人，可以是物，可以是某种特质（比如孤僻），也可以是某种症状，受害者会通过这些来体验被拯救的感觉。一旦个体因某种症状获得益处，就会习惯于不停地运用这种症状来拯救自己。

2.控诉别人

如果一直活在受害者的人生脚本和角色中，他们就会不自觉地在生活中吸引伤害自己的人，也就是加害者。只有这样，他们才能一直扮演受害者的角色。有时候，受害者看似在积极地寻求帮助，比如求助心理咨询师，但最终目的都是为了寻找一个拯救者来维持戏剧三角的平衡。**加害者的存在是用来巩固受害者的心理认同，拯救者的存在是用来见证受害者的可怜和伤痛。**所以拯救者很多时候都是在为受害者作证，使受害者有机会去控诉加害者。受害者很喜欢像祥林嫂一般发牢骚，他们会通过诉说自己的故事来营造所有人都加害自己的假象，并试图通过把拯救者当作救命稻草来摆脱被加害的痛苦。

当个体将自己放于受害者的角色时，他们的心智策略就是无效的环境决定策略。所以，我们会发现，他们之所以待在受害者这个位置上，是为了控诉加害者。他们不允许自己变好，一直让自己处于弱势位置，是为了借此来指责关系中的其他人，还可以不用负责任、博取同情，更容易被宽恕、被关注。一个受害者往往习惯了烦恼、焦虑、抱怨，而不习惯感恩、愉快、轻松。所以，控诉（指责）别人很可能是一些受害者的内心动力。

我通常会问一些从事心理咨询或辅导的朋友一个问题：在这段咨访关系中，你到底想治好谁？如果他们的答案是治好自己，这就没有任何问题。对于咨询师来说，他们从来访者身上看到的问题，很可能是他们自己的问题。如果咨询师本身就处在拯救者、加害者或受害者的位置上，那么就很难用客观中立的态度来面对眼前的来访者。也就是说，咨询师只有把自己探索清楚了，才可能真正给别人支持。

3.操纵对方

　　婚姻关系中的双方常常表现出一强一弱的状态。从戏剧三角的角度来看，双方很可能在恋爱阶段就实现了角色的匹配，一个特别强势、爱挑毛病的女人，往往就会找一个可以让自己强势、允许自己挑毛病的男人，这样双方都能满足各自的心理需求。一强一弱的夫妻生了孩子后，他们也常常转换为拯救者的角色，以"我都是为你好"的名义来要求孩子。所以很多父母一边"加害"孩子，扼杀孩子的自我，把孩子变成受害者，一边又充当拯救者，自作主张为孩子安排，操纵孩子的一切，如果孩子不领情，父母又会变成受害者，指责孩子不懂自己的苦心，通过引发孩子的愧疚感来实现对孩子的干预。

第三节　角色强化：我们都在找寻和自己"搭戏"的演员

首先，一个人的戏剧三角可以引申出很多人生脚本，而且三个角色会相互促进和巩固。他们会借助对方来深度认同自己的角色，并抗拒那些撼动自己角色的行为。这也是为什么我们都想改变，却难以改变的原因。因为我们虽然在意识上觉得自己很痛苦，但潜意识里习惯了这个角色的状态。有些企业的老板有拯救者情结，企业的员工就会不自觉地扮演两种相应的角色：受害者和加害者，或者和顾客分别扮演受害者和加害者。总之，企业的戏剧三角定位决定了这个企业中的文化——这是当今很少被提及的深层次企业文化。

很多从事心理工作的人在童年时期就被原生家庭"安装"了拯救者程序。这可能是源于他们的父母婚姻不幸福，所以从小就在家庭中充当父母婚姻的拯救者。等到成年后，这种程序会推动他们选择拯救他人的事业，比如心理咨询，他们想通过心理工作来继续拯救像父母一样不幸福的人。为了维持戏剧三角的平衡，他们的关系中一定会出现相应的加害者和受害者，最常见的就是在和来访者之间的咨访关系中分别扮演拯救者和受害者的角色。他们可能不再遵守心理咨询中的中立原则，而去同情弱者。这样，来访者也许在这段关系中是舒适的，但是无法实现自己的真正成长。

其次，一个人在不同的关系中可能会扮演不同的角色。某段关系中的受害者，在另外一段关系中却可能是加害者。比如，在专制家庭中成长的小女孩会把自己置于受害者的角色，成年后，她极有可能会像父母对待自己那样去对待孩子，成为孩子的加害者。另外，一个人还可以同时扮演不同的角色。比如，我们一直都活在他人的评判下，从而陷入受害者角色。同时，我们的内心也一直存在自我批判、自我厌恶的声音，这时候我们又是自己的加害者。或许我们不满足于自己当下的状态，想要通过各种各样的方式来拯救自己，这就是在扮演拯救者的角色。我们乐此不疲地玩着戏剧三角的心理游戏。我们常会发现，自己很难走进有严重心理问题者的内心世界，比如精神分裂症患者，他们往往自说自话，无法理解别人，别人也无法跟他们正常交流。这是因为在他们的内心世界里，自己一个人扮演着所有的角色，而没有留给外人任何角色。

第四节 角色成瘾：为何我们会顽固地待在受害者三角里

很显然，受害者三角是一个恶性循环，不管我们处在受害者、加害者还是拯救者的角色上，都走不出内心的囚笼。除非"切换"到责任者三角里，我们的人生才开始拨开阴霾见月明。但在现实生活中，很多人其实并不愿意去转化，他们会努力去巩固自己的位置和心智策略。很多受害者学习心理学的目的就是解救自己，而一些拯救者选择治病救人的工作是为了巩固自己的位置和强化某种感觉。这样的个体一旦陷入某个剧本，就会稳定地扮演着特定的角色，无论他们遇到什么样的人，都能使对方配合自己扮演好这一角色。相对来说，受害者的内在顽固性更强，因为这一角色的潜在好处有很多，这些便利使受害者处在心理舒适区内，改变起来就会非常困难。

从本质上来说，加害者是不存在的。因为没有一个人能够让我们受害，只有我们自己。如果加害者这一角色有存在的意义，一定是我们允许它存在于这个位置。很多待在受害者位置的人活得很痛苦，他们期望可以通过惩罚自己来惩罚对方。所以，不放过对方，其实就是不放过自己。从这个意义来看，拯救者、加害者、受害者都是我们自己。我们的痛苦本身就是自找的。如果认识不到这一点，我们想要借助外力来走出痛苦，往往难有成效。

我有一个个案，她对自己的原生家庭不满意，觉得家庭里没有爱，只有伤害。她常常暗自嗟叹：我怎么出生在这样一个家庭？我渴望有一个人可以救我于水火之中。事实上，在她的戏剧三角里，她一直扮演的是受害者角色，想找一个拯救者来帮助自己。她在内心塑造了一个理想的角色，并从现实生活中寻找，一旦找到，她就仿佛抓到了救命稻草。当遇到这样一个符合理想角色的人后，她便不顾父母的阻拦，义无反顾地离开了觉得没有爱的家庭。这样的案例很多，面对这样的婚姻，我们需要探索一点：这种婚姻中真的有爱吗？如果有爱，那除了爱，还有其他成分吗？

从角色动机上来看，这名个案结婚的动机是为了离开自己的原生家庭，这从一定程度上其实是在证明父母对自己的加害。如果她把自己置于受害者的位置上，把伴侣放在拯救者的位置上，那新家庭中必然还会出现一个加害者，这样的恶性循环还是会在她身上延续。

还有一种现象，很多人明明到了适婚年龄，却迟迟不结婚，不想离开原生家庭。这种人在戏剧三角中常常是一个拯救者，也许父母的婚姻并不那么幸福，在他们的心里，父母中有一个是受害者，有一个是加害者，自己就扮演着拯救者的角色。他们希望通过继续留在家里来完成对父亲或者母亲的拯救。在他们的心智策略层面，拯救了父母一方，就等于拯救了父母的婚姻。父母的婚姻完整了，自己的家庭也就完整了，这也就等于拯救了自己。但是事实上，他们谁也拯救不了，这样的角色认知会影响到成年后他们对男人和女人的关系认知，进而影响到自己的亲密关系。

在戏剧三角里，当我们身处其中一个角色时，总是会无意识地在生活中去抓取或筛选符合自我价值和自我拯救的那些角色。从这点上来说，我们每个人都在玩这样的心理游戏。我们不自觉地各自玩着各自的心理游戏，这导致我们没有办法去真正了解他人。所以，我们常说的关系不好或者在关系中不幸福，并不是因为关系无效，而是因为游戏的互动人无效了。

关于离婚，也有三种常见的类型。

第一种类型是坚守婚姻型。这种人的婚姻已经非常糟糕，完全没有爱可言了。但是他们就是坚决不离婚，还会拼命讨好、迁就对方，通过各种方式挽救婚姻，哪怕自己的尊严被对方践踏。这种人的内部动力有部分源自父母的婚姻不幸福，而自己想要通过婚姻的完整来防止步父母的后尘。这是一种对父母婚姻和自己人生的拯救。

第二种类型是必须离婚型。这种人自身的婚姻并没有多大问题，却执意要离婚。他们的内在动力有一部分是源自对父母生活模式的反抗。比如，父母明明彼此伤害，却就是不离婚，而自己果断选择离婚，也并非是自己的内在需要，而是想要"示范"给父母看：自己离了婚也可以活得很好。这是对父母中受害者一方的拯救。

第三种类型是迫切回归型。这种人的婚姻并没什么问题，却执意要离婚，因为离婚后的自己就又可以回归父母的家庭中，去满足父母对自己的需要。这种人跟执意不结婚的人内心有相同的动力，就是想要去拯救父母，去维系父母的婚姻和家庭的完整。这些策略都是"孩童策略"，如果一个成年人依旧存在这样的心理动力，说明他的心理年龄还很小。

第六章

积极戏剧三角

责任者、行动者、创造者。

　　每个人在生活中会因关系不同而扮演不同的戏剧角色，但如果个体特别认同其中一个角色，则改变难度会非常大。因为他会认定自己的世界就是这个样子。对于这类人，咨询师需要深入了解，看清他的剧本逻辑，然后再试着打破这个顽固的戏剧三角（受害者三角，即下三角），把他带到另外一个新的戏剧三角（责任者三角，即上三角）中。

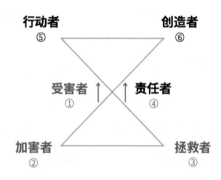

图6-1

第一节　责任者三角：责任者、创造者、行动者

如果我们一直在受害者三角中玩心理游戏，那么无论如何兜兜转转，我们都会在受害者、加害者和拯救者的角色中打转，很难获得幸福和自在的生活。只有切换到责任者三角模式中，我们才能真正把人生方向转到正确的轨道上。

在责任者三角中，责任者对应的是受害者三角中的受害者，创造者对应的是加害者，行动者对应的是拯救者。责任者强调承担属于自己的人生责任，把人生的主动权把握在自己手里，并且全心全意演好自己这出戏。正如在受害者三角中一样，我们每个人都会在潜意识中自动维持戏剧三角的平衡，那么，一段关系中有责任者就会有创造者和行动者。

责任者三角中的个体都处在合适的心灵空间位置上，既利己，又利人。拿家庭关系来说，如果妈妈是一个责任者，爸爸是一个创造者，那他们就会承担起相应的责任，尊重、爱护伴侣，且不会过度干预对方的人生。在陪伴和养育孩子的过程中，他们也能尊重孩子的界限感。这样的父母呈现出来的是建议型养育模式，而不是操控型，家庭氛围也是民主的、轻松的、充满新鲜感的。在这种环境下成长的孩子能学会自我负责、自我创造，并向着自己渴望的人生方向去行动。

举例来说，在一个企业中，如果老板是个创造者，他会有很多创新的策略和规划，每天都能够根据行业动态做出很多革新和改变。这样的老板身边往往会聚拢有责任心的责任者，他们负责管理团队、承担成

败后果，还会有一批实干的行动者，负责将老板的创意落地执行。这就是非常理想的企业管理状态：老板负责创意、中层负责管理、基层负责实干，这样的搭配可以保证企业有非常高的生产力。如果老板是个行动者，他也会相应地吸引一批敢想的创造者，这样老板就可以带着团队把这些"谋略家"的想法有效执行，这时候老板既是行动者，又是责任者。当然，他也可以进一步培养一批责任者，去管理、监督团队，实现管理分化、细化。

所以，在责任者三角中，我们的位置同样会决定其他人的位置，我们的角色会吸引其他角色来跟自己匹配。在这种有效三角中，个体或系统都处在良性循环里，成长力和生产力都会越来越强。

第二节　角色转化：从下三角到上三角

受害者三角里有两条特别重要的特质。

第一，受害者、拯救者、加害者，都是一种人生脚本。如果我们是受害者，只能说明我们有作为受害者的人生脚本，并不是说我们是真正意义上的受害者，它只是我们人生脚本的剧情需要。根据人生脚本，我们的心灵必须承担这样一个角色。

第二，受害者、拯救者、加害者，都是一种心智策略。个体借助受害者或其他两种角色来表达自己的需求，从中获得益处。比如受害者拥有的好处就是不用负责任、可以被宽恕、可以被同情、比较安全的、可以获得爱等，总之就是通过让自己处在弱势地位的方式获得爱。

如果我们一直待在受害者三角里，那么我们会重复玩这种心理游戏。当我们接触人时，很容易把对方拽入我们期待的戏剧角色里；当我们在生活中遇到困难时，很容易启动消极、悲观的应对方式。想要转换戏剧三角，从无效的下三角模式切换到有效的上三角循环中，就需要我们刻意做一些工作。

1.自我探索：过去的我处在什么心灵角色里

当我们在生活中接触某些人、建立某些关系或者遭遇某些困难时，要思考一下：我们把自己定位在哪个角色上，以及我们投射出了怎样的角色。这是我们突破下三角首先要做的探索工作。我们一直在玩的心理游戏决定了我们目前的处境。处在受害者三角中的个体会习惯性启动环境可变策略。当感到痛苦、委屈或有满腹怨言时，他们的焦点往往指向外部，觉得是外部世界制造了他们现在的状态。如果我们把焦点放在外部，去指责外部个体和环境，我们就处于被动状态，无形中也为本应该是最大责任人的自己做了开脱。

想要转化到上三角，启用决策可变策略，我们首先要认清楚自己原有的位置和策略。

过去的我处在什么心灵角色里？

过去的我会把问题归为自己还是他人？

过去的我在解决问题上是被动等待还是主动出击？

2.自我负责：把指向外面的手指向自己

通过上述工作，我们会清楚，我们人生过往中的问题，最大的责任者是自己。是我们制造了自己的人生状态，能改变我们人生的只有自己。所以，我们要为自己的人生负起责任，把指向外部的手收回来，指向自己，去深刻反思。

我为什么把自己的人生搞成这样？

我送给了自己一段怎样的人生？

我为什么只会自我批判，而无法欣赏和信任自己？

这是自我负责的第一步。

第二步，我们还要为自己的人生剧本负责，这不仅关乎自己，也关乎剧本里我们所纳入的角色。作为受害者，戏剧三角中的加害者、拯救者，都是我们吸引进自己的人生的。他们本无角色，是我们因自己的角色而赋予他们一定的戏份和角色。所以，我们不仅要为自己负责，还要为自编自导的剧本和所有角色负起责任。

3.自我创造：给自己的人生加点色彩

自我负责的心理工作会引发自我批判，比如，我怎么是这样的人啊？这跟受害者角色中的自我厌恶是不一样的。自我厌恶是无理性的，是把自己置于受害者角色下的恶性攻击；自我批判是理性的，是角色转化中所出现的理性反思。

但是，要做转化工作，只有自我批判远远不够，我们还要学会自我创造，学着给自己提供一些可选择的积极方式去应对外界。我们要学会自我创造一些有效的、可以积极促进人生关系、使自己和他人都获得双赢的模式来替代原来的受害者模式、指责他人的模式和环境可变策略。

4.自我行动：用实践带来积极改变

接下来才是最重要的一步：实践。能够清楚地意识到人生处境是自我一手创造的，并主动去探索一些新的积极模式，这些还不够。要转化到上三角，一个人不仅要成为责任者，还要成为创造者和行动者。我们要主动用积极的方式去沟通，用非暴力的方式去解决冲突，用理性的方式去调节情绪。当我们能够主动去选择更积极的方式来面对关系时，会发现对方也会被我们吸引出更和谐的应对方式，这就是交互的魅力。

当我们提到"责任者"这个词时，很多人会理解为"谁要为问题背黑锅"，因而会产生排斥。事实上，责任者的真正意义是：能站出来，让事情变得更好。所以，一个真正的责任者一定也是一个行动者，一定会通过不断创造和行动来巩固自己的角色。

5.能量整合：责任者三角的内在自治

关于责任者、创造者和行动者的三大角色，孩子是发展不出来的。在成长过程中，每个孩子都有未被满足的需要和未被接纳的情绪。从孩子的逻辑来看，每个孩子都曾被加害过，当被加害时，孩子自然会成为无助、被动、弱小的一方。进入青春期的孩子才开始真正主动对抗，但是他们的自我认知、逻辑思维还不够成熟，无法正确驾驭责任者、创造者、行动者这三个角色，只有成熟的大人才可以健康地发展出这个有效三角。

事实上，我们可以将责任者、创造者、行动者理解为三种能量，我们每个人的内在都包含这三种能量，而且可以同时扮演不同的角色。一个心智成熟的人是可以非常自治地驾驭有效三角的，比如一个优秀的妈妈既能够对自己的人生负责，又能在育儿的过程中发挥创造性，还可以主动行动，以身作则；一个称职的领导也能够该负责时负责，该创新时创新，该实干时主动冲在一线。所以，心智成熟的个体是可以完成角色自治的，能在需要的时候相应地扮演环境所需要的角色，这也就是我们提到的决策可变策略。

心智成熟的人可以在心灵空间完成有效三角的能量自洽，当我们能够灵活地运用这三种能量时，也可以吸引能量同样自洽的个体。当我们觉得自己是个受害者时，就会发现身边的人也喜欢抱怨、牢骚、推卸责任；当我们对自己的人生负责，不抱怨别人时，就发现身边的人也是主动自我负责的人。所以，能够整合这三种角色能量，是一个人成熟的标志。

整合这三种角色能量，还意味着我们可以根据关系的需要来主动调遣发挥主要作用的角色。比如，我们可以思考自己的家庭中缺什么角色，是责任者、行动者，还是创造者？我们就可以去承担起目前家庭成员中还没有发展出来的那个角色。

我们不能改变另外一个人，能改变的只有自己。而任何关系都是我们人生的一部分，主动去承担、创造、行动，将积极的能量注入自己的关系中，我们会发现，我们的整个人生都在朝着积极的方向转变。

第三节　"切换"游戏：心理辅导的本质

有一位心理学家曾谈到治疗精神分裂症的方法——治疗者需要首先进入精神分裂症患者的世界，这样才能做到完全和患者处在同一个世界里，也才有机会摧毁这个世界。同理，在戏剧三角的世界里，我们也可以采取相似的方法。来访者可能沉浸于戏剧三角的心理游戏以及角色扮演中，咨询师不妨就和来访者在咨询室里痛快地把这个游戏进行到底，直到来访者真的觉得这个游戏无聊了，角色扮演玩够了，咨询师再建议他把这个游戏丢开，换个其他玩法。

心理辅导就是让来访者发现自己的游戏不好玩了，开始对咨询师的游戏感到好奇，他才可以尝试这个新游戏，并长期有效地玩下去，那辅导基本上就比较成功了。传统的心理咨询使用共情这项技术，通过共情，咨询师能设身处地理解来访者，甚至比来访者更了解自己。心理咨询师的一部分功能就是引导来访者看见未被觉察的那部分自我。从这个角度来讲，没有有问题的人和不被理解的人。很多人之所以出现心理问题，是因为他们在关系中的能量是被卡住的，一旦让他们感受到自己被认可、被理解，他们的能量就释放了。进入到来访者的心理游戏，才能对其产生共情。刚开始，来访者也许并没有明显变化——顽固的惯性认知并不会因一句认可的话而产生变化。但是不知不觉间，新的可能性产生了，然后角色也开始发生变化，他们开始从受害者角色向着责任者角色迈进。

从心理能量角度来说，对来访者而言，咨询师其实好比生活里某些能量的代表。可能代表理解，这是来访者认为不理解自己的那些人所不能给予的；可能代表匮乏，能明确帮助来访者表达自己的需求；可能代表未来，与来访者的现在聊聊天。如果咨询师能够做到这一点，那咨询工作将是非常有意义的。

首先，咨询师借助视觉制造出一个来访者作为受害者的画面，来访者会发现自己在这个画面中缺乏成长的动力。其次，咨询师引导来访者在游戏中将所看到的东西进行重组和强化，并亲自制造一幅责任者的画面。这时来访者会发现，原来在这个有效三角里才有自己想要追求的东西，只有这样行动才能获得想要的理想生活。

其实，这种做法的本质是咨询师给来访者呈现一些不同画面，是他未来的生活可能呈现出来的美好景象，咨询师只是提前让他去感受、去预演。这就好像这是一个剧本，来访者并不需要在真实生活里用十年甚至更长的时间演出来，而是由咨询师直接"放映"给他看。看完后，他就明白需要从中学习什么，在实际生活中应该怎么做。

在生活中，我们每个人都可以结合下面的引导反思自己、观察自己。

自己的生活里有哪些部分还处在受害者三角里面？

在哪一种关系中，自己还在玩受害者三角游戏？

这个游戏给自己带来了什么好处？

这个好处是自己真的想要的还是虚幻的？

自己是想要被理解、被认同、被看见，所以才玩这个游戏吗？

自己如何用责任者的游戏替换受害者的游戏？

如果玩责任者的游戏，自己又会得到什么？

受害者三角和责任者三角恰好对应着两种心智策略：无效的环

境可变策略和有效的决策可变策略。我们要从熟悉的受害者三角游戏中跳出来，进入责任者三角里，并从旧的被动策略切换到新的主动策略里——我为自己的人生做主，我去创造自己想要的人生。当我们迸发出这种主动性的时候，内心的力量会变得强大。

活在受害者角色中的人并不会在生活的每个维度都不出色、不成功，相反，很多人甚至在某个维度异常成功，比如事业。这说明受害者角色其实也蕴含着强大的生命力。从这种角度来看，我们要看见受害者角色的巨大力量，他们实际上是用了无比强大的力量捍卫了自己的位置，引导他们从受害者角色转化成责任者三角，是能让他们的生活变得更好。咨询师的任务不是对来访者表示同情或者惋惜，而是要看到他人生的巨大生命力，认识到他不是没有生命力，只是用在了错误的方向，通过转换，他可以朝着崭新的方向出发。对于那些抗拒走出来的人，我们不要强迫他，而是允许他维持这种状态。这就是一种反向的力量，当来访者从咨询师这里得到抱持时，他们会消除抗拒，产生改变的意识。

其实，受害者"不想出来"这一行为背后有它的价值和意义。咨询师的工作不是拉他们出来，而是带他看到成为一个受害者的动机，让他明白是什么吸引自己持续扮演这样的角色。当他真正看透这些，他就不会通过受害这一形式来获得益处，而是带着觉察的状态通过其他方式获益。比如我们前文讲到的"孤独的小女孩"，这好像是一个受害者的故事，其实她得到的益处就在于可以表达对父母的不满。一旦成为责任者，就意味着要放过人生中的加害者，所以很多人不愿意转化到上三角中就是不愿意放过加害者。反过来，不放过别人，使自己一直待在受害者角色上，也就意味着不放过自己。

改写人生故事练习

1. 从受害者三角的角度讲一段自己的人生故事。

2. 带着觉知,从责任者的角度重新讲述这一段故事。

3. 从创造者的角度重新审视这段故事。

4. 思考不同的戏剧三角带来的觉知和新的行动是什么。

　　一个个案做完练习后这样分享:我有一个受害者故事,小时候我喜欢唱歌、跳舞,但弟弟不喜欢,妈妈从来不鼓励我、表扬我。我觉得妈妈特别不公平(1. 自我讲述)。当我这样说的时候,我感觉自己是渺小的、不被看到的(2. 觉知)。当我作为责任者的时候,我意识到即使妈妈不表扬我、鼓励我,我也有能力嘉奖自己(3. 重新审视)。我终于有一种存在感,我感觉自己正在绽放(4. 新觉知)。

　　这个个案给我们呈现的画面是:在我们的人生里,我们常把自己变成了配角,而一旦我们明确"我"是人生里的主角,"我"来演绎我的人生,"我"所蕴含的力量就迸发出来了。

　　因此,在戏剧上三角中,责任者角色表达的是:"我"是人生的主角,而受害者角色往往把"我"放在人生的配角位置上。

第四节 拆除受害者模型：学会爱自己 ○────

当我们叫停受害者三角的人生脚本时，在成长道路上就往前跨了一大步，我们已经开始跟原来的自己变得不一样。我们的受害者模型都是用几十年的时间形成的，想在短期内获得突破性的改变很难，我们需要慢慢地来转化和改变。

转化最大的难度在于，我们需要对控诉对象进行"撤诉"。我们也许会问自己：我难道就这么放过他吗？其实，控诉的本质是一种爱的寄托，我们最难放过的加害者通常都是我们最爱的人。我们如何能够不再把对爱的寄托放在别人身上？我们又如何能够做到自爱？

其实，爱无法外求。即便父母也无法满足我们对爱的所有寄托，因为父母也有自己的人生问题需要解决。我们要学会不把对爱的期许、被爱的需要放在他人身上，直到我们发展出爱自己的能力，这种对爱的渴求才会终止。每当我们感到自己在亲密关系里受害的时候，我们都要学着用力爱自己，虽然刚开始并不容易。

每当我们觉得自己是受害者的时候，都是我们在把责任推向对方。当我们有能力让自己成长，即使是带着受害者的感觉在成长时，我们会发现对方也不一样了。有时候，我们也需要通过受害的感觉来给自己增加力量——当然这种力量是畸形的、错位的。很多人的力量来自情绪，比如愤怒、指责，这就是受害者角色中的力量来源，他们还没有真正找到促使自己成长的方法。情绪的力量来自外界，创造的力量来自内心，这种力量带来的成功和基于外界刺激（比如情绪）带来的成功不一样，这是一种愉悦、轻松的成功。

很多时候，我们会不自觉地掉入受害者角色里。当觉察到这一点时，我们不应该批判自己，而是学会借用它的力量。这就像一张纸上有一个黑点，我们要做的不是抠掉它，而是在黑点上重新画一幅美丽的画。在受伤的亲密关系中也是一样，我们一旦发现自己身受其害，应该迅速切换角度进行反思：我又没有成长了。这一刻，我们会开始有新的创意、新的行动，并努力让自己的人生更精彩，活得更漂亮。

从受害者三角到责任者三角的"切换"是一个缓慢、漫长的过程，也许我们终身都没有办法抛弃受害者这个三角，但是通过刻意成长，我们可以学习如何运用好这个三角。如此，我们就可以迅速从这个旋涡中抽离出来。

信念：事情应该是怎样的，

是一系列你对事情应该如何的看法。

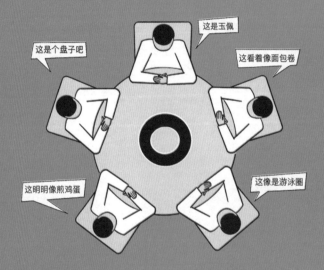

限制性信念

第七章

在讲限制性信念之前，我们先讲一下什么是信念。信念就是对事物的判断、看法或观念。信念是怎么来的呢？它对我们的人生有什么样的作用？我们有一个最简单的测试。

图7-1

看到这幅图，你脑海中出现的第一直觉是什么？是煎蛋、面包卷、游泳圈、玉佩，抑或是盘子？我们会发现，这两个圆圈本无意义，但我们会赋予它们各种意义。这些意义是从哪里来的呢？主要是基于我们过往的人生经验加工、储存而来。

我们会发现，多数女性会根据经验推测是煎蛋、面包卷这种和生活息息相关的事物，而男性的想象力可能会更丰富一些，比如会推测是轮胎、游泳圈等。总之，第一时间跳出来的想法通常和我们的人生经验相关。所以对于同一件事情，我们每个人眼睛里看到的往往是不一样的。也就是说，**问题本身并不是问题，我们如何看待和应对它才是问题。**我们对问题的解读反映出了我们每个人的信念。

我们人生中所有的信念都在生活中发挥着相当多的作用。但同时，我们还需要探究会引发我们困扰的一些信念，也就是限制性信念。

我们应该怎么样去理解限制性信念呢？这些信念又是以什么形式储存在我们的大脑或潜意识里的呢？

第一节　什么是限制性信念○────────────

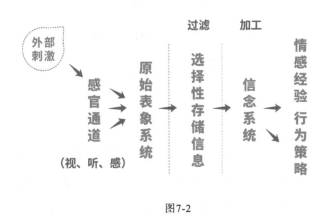

图7-2

　　信念是我们每个人的信息储存形式。我们通过眼睛、耳朵等感官感知信息，然后用大脑来加工并储存这些信息，但我们的大脑并没有足够的空间来储存这些图画、声音、情感。它们会被大脑扁平化地储存起来，形成我们的思维，因此信念事实上是一种逻辑性的、思维性的信息储存。信念不会被我们的意识轻易发现，它总会在我们要用到的时候自动被激发出来，或者是被一些场景激发出来，这也是我们对信念没有觉知的原因。

　　限制性信念是我们大脑中的根深蒂固的、会阻碍我们客观看待世界的想法。比如我们如何看待财富，我们如何处理和自我的关系，这些都受我们的限制性信念所左右。比如，我们每个人都具有讲话的能力，可是一旦我们要在很多人面前表现自己的时候，头脑里就会有一些信念冒出来，比如"我觉得自己不够好""我担心自己讲得不够好""我怕别人会笑话我"……基于这些信念，我们会出现各种各样的身体和情感反应，比如紧张、发抖、说不出话来。同样是紧张，其背后也是有不同的信念支撑。当然限制性信念往往并非单一存在，而是会"打包"存在，比如"我既担心自己不够好，又害怕别人会怎么看我"。每个人的限制性信念会使他在人生的不同情境下呈现出相对僵化的状态。

如果我们有一个"我不够好"的信念，就可能会在很多状态下冒出这种信念，比如需要展示自己的时候，表达需求的时候，争取权力的时候等。所以，一个人的成就和能力的关系不是最大的，和其内在的限制性信念关系更大，而这些信念都来自我们最初经历和加工过的人生脚本。我们的限制性信念是基于过往的经历形成，却被我们用于未来的人生，我们很"努力"地用这些信念来约束自己、阻碍自己，让自己没有办法获得幸福和成功。

第二节 三种限制性信念：无助感、无望感、无资格感 ○────

我们没有觉察的、更深层的限制性信念可以分成三类：无助感、无望感和无资格感，这些信念会对我们的行为造成干扰，让我们僵化在纠结、有顾虑或无效的关系状态里。比如，我们总是感觉自己不被爱，便会在关系中不断地索取，就是为了验证对方是否爱自己。我们还会制造一些场景来验证自己的信念，一旦应验，我们就会产生很多指责和抱怨。

无助感：我得不到帮助。

无望感：我没有希望。

无资格感：我没有价值。

接下来我们做一个练习，思考一下，在什么状况下自己会感到无助、无望和无资格？

觉察限制性信念练习

当发生_____的时候，我会感到无助。

当发生_____的时候，我会感到无望。

当发生_____的时候，我会感到无资格。

举例来说，很多女强人在脆弱的时候会感到无助、无望、无资格。她们不允许自己脆弱，隐藏自己柔软的一面，这通常是因为她们曾经脆弱过，可是没有得到帮助和支持，所以是无助的；她们在脆弱的时候看不到人生希望，感觉没有前途，所以是无望的；她们在脆弱的时候会感觉自己没有价值，别人都看不上自己，所以是无资格的。她们的这些限制性信念是如何形成的呢？或许她们在原生家庭中接收了大量重男轻女的信息，觉得自己不如男孩，所以在生活中无形地希望活成男人的样子。这都是无数个自我的内在对话所形成的限制性信念。

有时候看到亲人哭泣，我们会像一个吓呆、无助的小孩。其实，这也和脆弱有关。也许小时候的我们曾经看到过自己很爱的大人表现得脆弱，但是作为孩子的自己没办法支持或者帮助他。虽然这本身就不关我们的事，不过孩子通常都会内归因，甚至牺牲自己的快乐去努力地让爱的人快乐。**很多限制性信念都是和深层的爱有关，反映在家庭关系中就是：孩子爱父母不比父母爱孩子少。孩子的爱甚至是具有牺牲精神的，他们会为了深受着的父母牺牲自己未来几十年人生的快乐。**一个可悲的事实是，很少有人能够真正理解孩子的这种心理，当我们做孩子的时候，也没有被这样深深地理解过。

关于脆弱，我（徐秋秋）还想举一个自己的例子。我的父母都是辛苦工作的工人，他们一点都不幽默，家里缺少快乐的氛围，父母也一直没有轻松的感觉。看到自己最爱的人从来没有快乐过，我也会觉得自己没有快乐的资格。如果我表现出快乐，就会觉得自己在这个家中很奇怪，反而会感觉无助、无望、无资格。所以，我们可能在一种状态中反复重复这三种限制性信念。

在被指责的时候，我们大多数人会感到无助、无望、无资格。当别人指责我们的时候，我们的内心能量是有冲突的，一方面想发泄出来，另一方面又要压制自己，这就形成了内耗。我们之所以探索限制性信念，就是要分析它让我们人生的能量都内耗在哪里。我们首先要允许自己愤怒，下一步才是学习如何艺术地表达愤怒。如果我们不允许自己愤怒，就会卡在这种负面体验里。每当我们压抑愤怒的时候，"孩子状态"就会出来。本来身为成年人的我们不用害怕别人指责，但由于限制性信念的影响，每当我们被指责的时候，我们的"孩子状态"就会冒出来，并体会到曾经那种害怕、无助、被抛弃的感觉。

在被挑剔的时候，很多人会感到无助、无望、无资格。这时候，我们要问问自己：你能接受自己不完美吗？你能接受自己不够好吗？如果基于别人的反馈看到自己的不够好，并产生无助、无望、无资格感，说明我们也不能接受自己的不完美。可见我们对待自我的状态，通常都是从"重要他人"那里学来的，所以我们的脚本里一定有一个挑剔的"重要他人"。

在被拒绝的时候，很多人会感到无助、无望、无资格。如果我们害怕被拒绝，往往也不能顺畅自如地拒绝别人。在被拒绝或者拒绝别人时，我们会产生一些负面的体验，并把这种体验加工成限制性信念，即拒绝是不可以的，拒绝是令人难受的，拒绝是有负罪感的。害怕被拒绝，反映出的内心诉求是"我想要"，而之所以在被拒绝时感到无助、无望、无资格，正是因为"我不配得""我没有资格拥有"这样的限制性信念存在。因此，在我们想要表达需求前，这些限制性信念会自动冒出来，扼杀我们表达自己的勇气和能力。

我们人生中有很多障碍或困扰都是我们主动设置的，无论在亲子关系、两性关系还是工作关系中。表达需要是非常重要的，因为只有表达清晰，我们才有可能得到。如果我们不表达需要，但内心又真实地想要，就很容易形成"你爱我，就得懂我，猜准我的心思，知道我想要什么""你没有满足我的需求，不懂我，不理解我，就证明你不爱我"等限制性信念。

这一切的根源都在于我们自己无法表达自己，无法直面现实。如果心智成熟，我们就可以用很多方式来表达自己，即使我们被拒绝过一次，内心也会有力量，并且不会因这次拒绝而产生任何情绪上的波澜。我们会有勇气再换一种方式，或者就此放下这件事情。当我们遇到无法应对的事情时，阻碍我们顺畅表达或有勇气去面对的，正是内心涌现出的很多消极对话。所以无论是自助还是助人，我们要做的就是如何停止这些消极的内心对话，并把它们转化成向外核对。向外核对，需要我们将孩子的意识形态转化为成年人的意识形态。因为只有在成年人的世界里，表达和核对才是自然而然的事情。

在失去的时候，很多人会感到无助、无望、无资格。对孩子而言，失去会带来无助和无望感，因为他们要依赖他人才能生存下去，一旦父母说不要他们了，他们会觉得活不下去了。但对成年人而言，即便有人说不要我们，我们也不会恐惧，因为我们有能力生存下去，有能力照顾好自己的人生。所以如果我们在成年后依然觉得离不开对方，就应该考虑一下是否是童年时被抛弃后留下的创伤。

在没钱的时候，很多人会感到无助、无望、无资格。我们往往会把自我价值和金钱画等号，没钱就没有信心，没钱就没有尊严，没钱就活不下去。钱是和爱相关的。也许我们不是担心自己没钱，而是曾在小时候担心父母没钱。因为没钱就意味着父母会因为钱而争吵，会因为钱而不幸福。总之，家里没有钱就没有爱，没有钱的时候就会有伤害。所以我们在还是孩子的时候就产生这样的信念：未来我要挣很多钱，让父母永远不再因为钱而吵架。

当然，这种信念也有正面的意义，即我们会更有挣钱的动力，但当我们的事业做到一定程度时，这种信念会让我们陷入瓶颈期，因为我们是基于恐惧去挣钱，基于孩子时期的不安体验去挣钱，所以一旦挣到父母不会因没钱而吵架的财富，我们就不知道挣钱是为了什么。我们会觉得更无助，这是关于我们身份层面的限制性信念，我们往往会把这些外在的物质和内在的价值进行匹配。在这种限制性信念的支配下，我们感觉自己是渺小的、不被爱的，不值得拥有那么多美好的东西，于是我们不舍得给自己花钱的时候，却可以为别人花钱，因为付出才会让我们有价值感。

第三节　限制性信念的转化

以下两个限制性信念的转化练习，可以帮助我们将无助、无望、无资格的状态转化成更积极、更有力量、更自由的状态。

一句话突破限制性信念练习

没有人爱我。——我值得被爱（我有资格被爱）。

我花钱的时候会有无资格感。——我有资格花钱（我有资格为自己投资）。

积极信念植入练习

我有资格＿＿＿＿＿＿＿＿。

我有能力＿＿＿＿＿＿＿＿。

我的爸爸允许我＿＿＿＿＿＿＿＿。

我的妈妈允许我＿＿＿＿＿＿＿＿。

这两个练习能帮助我们更有资格感和能力感。我们很多人会发现自己更多的是活在父母的期待里，他们的一个眼神会让我们觉得自己不可以、没资格，所以成年的我们也要突破这一点。真相是，父母是允许我们爱自己的，他们也允许我们表达需要，是我们内心的声音告诉自己不可以。孩子在表达需要的时候被拒绝，没有被理解，主要是因为孩子的表达方式常常存在问题，使成年人无法完全懂得孩子真正想表达的是什么，所以很容易被拒绝。现在，成年的我们要意识到这一点，并学着植入积极信念。

在做这两个练习的时候，跟着感觉走就可以，不需要在理性层面上复述，而是真正感觉是自己的身体在说这句话，嘴巴只是身心的一个"代言人"。也许我们在说某句话的时候，嗓子会特别疼，说话也很困难，这往往代表着我们说过的某个词或某句话会触碰我们的情绪。负面的情绪映射出我们沉睡的心理能量出现了问题。当我们有情绪的时候，也就代表能量被触碰和唤醒了。比如，我们在做这些练习的时候，可能会有一些身体反应，比如呕吐、头痛、肚子痛等。在感觉到有反应的时候，恰恰说明这个词唤醒了某部分的能量。当这股能量释放后，好的状态就会呈现，比如身体发热、手心和额头都是汗。

我有一个个案做完练习后是这样分享的：父母没有享受过的物质，我在自己享受的时候会有负罪感。所以我的限制性信念就是：父母没有享受过，所以我也没有资格享受。我可以说出前两句——"我有资格""我有能力"，但后两句怎么都说不出口——"我的爸爸允许我""我的妈妈允许我"。

如果像该个案一样很难转化，我们可以对自己说："我原来爱父母的方式是让自己和他们一样。现在我可以换一种方式爱父母，就是让他们的女儿活得更好、更幸福。"

盲目的爱是带有牺牲精神的爱，如果我们牺牲人生中享受生活的部分去忠诚于他们，对于父母来说，这种盲目的爱会增加他们的匮乏感。因此，我们可以换一种更智慧的方式爱他们，那就是让我们比他们活得更好。

我们可以把过得比父母好的负罪感转化为对他们爱的最好见证。其实生命就是这样，父母无不希望后代过得比自己更好。因此，我们不要做那个牺牲的孩子，而是做用更好的生活状态来让父母骄傲的孩子。我们承载着父母的期望，所以爱自己也就等于爱父母。

作为父母，我们有时不舍得自己享受，却舍得让孩子享受。对孩子来说，这种爱也过于沉重。所以作为父母，其实不需要牺牲自己去给孩子付出太多的爱，我们要做的是让孩子看到父母给他的那些爱，让他开心地去接受，并确信自己是一个被爱、被祝福的孩子，这就是一件很美好的事情。

我们每个人都活不出认知以外的世界，认知即信念。更通俗来说，信念就是我们对这个世界的看法，或者我们认为这个世界应该是怎样的。"我认为我应该是完美的""我认为老公应该对我的幸福负责任"，这些都是信念，所有的冲突其实都是信念的冲突。想要解决冲突，可以从信念的层面去整合，解决问题的着手点就是丰富和扩大当事人对问题的认知。也就是说，问题本身不是问题，当事人如何看待问题才是真正的问题。

我是一个追求完美的人。

我是一个追求完整的人。

我是一个追求卓越的人。

我是一个追求精益求精的人。

这四种说法是在表达同一件事情，但是带给我们的感受却完全不一样。作为咨询师，我们不是解决来访者的问题，而是改变来访者对问题的看法，教会他们丰富自己的信念，学会用心理学赋予自己对世界的新认知、新看法、新思路。

第四节　限制性信念的影响因素

1.父母及其他"重要他人"的灌输

如果妈妈告诉女儿"男人没有一个好东西",那么即使你找到一个好老公,也会感觉心里不踏实,会一直怀疑、考验、求证。终于有一天,老公犯错误了,女儿就认为"男人果然没有一个好东西,妈妈说得真对"。

信念本来是服务于我们的行为,让我们去创造自己想要的生活,可现实中我们常常服务于信念,变成了信念的奴隶,一定要验证某一种信念是否正确。生活中有太多类似的现象。举例来说,众所周知,"书山有路勤为径,学海无涯苦作舟"强调的是学习要刻苦努力。让信念服务于我们,就意味着我们要通过不断学习来丰富自己的世界和人生,而我们服务于信念,则要证明学习是一件很苦的事情,成功一定要拼搏、付出代价。如果我们认同这样的信念,在遇到轻松、快乐的成功机会时,就不敢去迎接它。

2.成长经历和系统动力

我们出生时不是一块空白的硬盘,而是带着印记的,这个印记就是我们的底色,而且我们也许终身都很难摆脱它。

我的一个朋友是某二线城市电视台的知名主持人,收入不错,年薪四五十万元,但是他却是个"月光族",他也曾想着攒钱或者理财,但总是未实现。后来聊天时，我发现他的曾祖父曾经是一个大地主，到他爷爷这一代就把家产败光了，后来又经历了土改，家里依然一穷二白。他小时候是跟着爷爷长大的，爷爷经常给他讲以前的故事。这种经历影响了他对财富的看法，他觉得有钱是坏事，有钱会被批斗，爷爷当时因为很穷，不仅没有被批斗，政府还很照顾他，给他分了地。这就是他的财富底色。

有个国外同行来到中国，他不了解中国的历史，我们在接待他的时候准备了一桌丰盛的菜，他说："我不了解中国的历史，但通过这个行为，我隐隐约约地感觉到，中国历史上有可能经历过大饥荒。"正所谓"越炫耀什么，越缺少什么"。因为曾经失去过，所以我们很恐惧，总想通过努力来摆脱这种恐惧。当心灵没有了匮乏感，在物质层面才不会过度炫耀，甚至还会因物质的过度满足而内疚。比如，我们在请客吃饭的时候，看到有剩菜剩饭会有内疚感。这说明我们已经从系统层面"穿越"了生存期，我们变得更有力量了。其实，经济的发展来自心灵的丰盛。

3.对于信念的接收和认同

接收和认同的过程就类似于将电脑格式化，然后重新安装软件。信念这个软件是怎么被安装进我们大脑的呢？主要是通过视觉、听觉、感觉三种路径。不仅负面的信念是通过这三种路径，正面的信念也是如此。信念的正负并非具体事件带来的，而是大脑中所形成的与这个事件相关的画面，包括个体看到的、听到的和感受到的信息。

我有一个同学是一名企业家，她的下属都是硕士生、博士生，而她没有上过大学。在下属眼里，她是能力卓越的女强人，可她觉得自己没有文化，很自卑。她有这样的信念，是因为她小时候家里特别穷，穷到上不起学。她的中考成绩特别好，于是开心地把通知书拿给爸爸看，爸爸夺过通知书就把它撕了，还告诉她："你拿这个给我看干什么？你这不是难为我吗？"所以，她永远记得爸爸撕通知书的画面，这也是她对爸爸爱恨交织的原因。在这个事件中，她作为一个委屈的小女孩压抑了未表达的情绪，觉得自己没有资格上学，而能上学读书的孩子就比自己更优秀。

信念对我们产生影响，是通过认同实现的。如果没有认同，信念便不成立。我们不同人所认同的不同信念，造就了我们现在不同的生活，比如"我是一个懦弱的人""我是一个勇敢的人""我是一个有力量的人""我的妈妈不爱我"……表面上看，这些都是一个事实，很多时候，我们也会误认为这就是事实。比如"妈妈不爱我"，其实事实并不是"妈妈不爱我"，而是我们认同了"妈妈不爱我"这个信念，使这个信念变成了自己人生脚本的素材或底色，然后亲自活出来这种人生的剧本。

第五节　如何松动限制性信念

对负面信念的认同，会对我们的人生产生糟糕的束缚和影响，减少对于这类信念的执着，需要从意识层面松动信念。下面这个关于松动限制性信念的练习可以帮助我们。

松动限制性信念练习

1. 我真的相信这个信念吗？

2. 如果我相信它，会发生什么？

3. 如果我不相信它，会发生什么？

举例来说，比如我的限制性信念是"我妈妈挑剔我"。我也的确很相信这个信念（练习1）；相信它，我就可以指责我妈妈，和我妈妈保持距离，不和她那么亲近（练习2）；不相信它，我会觉得自己有责任对她好，需要做点什么，主动权对我来说是种压力（练习3）。

如果我们认同"妈妈挑剔我"这个信念，那我们就会抱着这样一个信念不放，同时基于对这个信念的认同创造出所有的生命故事。咨询师有两个工作，一个是"翻译"，一个是"编剧"。"编剧"就是"改编"的意思，就是教会来访者从另一个角度看来待问题。但"改编"不是捏造事实，比如来访者说自己很痛苦，咨询师不可以告诉她："你看，生活中还有很多美好，你一定要过上幸福的生活。"这是没有任何力量的改编，来访者也会觉得咨询师根本就不理解自己。"编剧"是带来访者从另一个角度来看待同一件事情。当来访者能够从更多的角度来看待这件事的时候，她就有了更多的选择，认知也更全面，她做决定的精准度和效率也就会更高。"编剧"可以扩大我们的认知，丰富我们的心灵地图。

我有个朋友一直觉得自己有漂泊感，她的父母都是军人，她觉得父母从没有爱过自己，只顾工作，每次换防的时候就要带着她到处漂泊。这导致她频繁地换学校，所以一直都没有朋友。她印象最深的事就是，每到一所学校，父母就会带着她去周边的饭馆吃饭，并且嘱托老板关照她。

这是一个故事，也是事实。故事和事实的区别是：故事是经过信念加工的事实。咨询师要做的工作是还原故事里的事实，帮助来访者重新加工出另外一个版本的故事，让他看到这个故事的积极面。

对于朋友的漂泊感，我们可以这样加工：父母每到一个新地方，首先就是安顿她的生活；她从小就走遍不同地方，感受不同的风土人情……

经过"改编"，她对问题的看法就会产生改变，也会用新的信念来认识这个世界。

编剧（"改写"故事）练习

1. 讲故事。

2. 从资源或爱的视角"改编"故事。

3. 新的信念是什么。

前文提到，咨询师的工作之一就是充当"编剧"，教会来访者从其他角度解读故事。在生活中，我们也可以从更多的认知角度去改写故事。因为我们原来的信念早已固有，我们对此已产生潜意识层面的认同，所以，我们会发现改写故事很难。反过来讲，我们如此有力地认同负面信念，也意味着当我们把这种力量用在正面信念的坚持上时，也一定是很有力的。因此结合上述练习，我们可以学着去陈述故事，从爱的视角"改编"故事，并发掘新故事版本背后的积极信念。我们的成长很多时候都是从这种改变认知、重写人生脚本的过程中开始的。愿我们每一个人都能做一个称职的"编剧"，编写出积极的人生剧本。

潜意识

第八章

真正为你的人生服务的是潜意识，它就像

海平面下深藏的暗流。

　　潜意识，是潜藏在意识底下的神秘力量，对我们的日常生活产生重要影响，但我们在日常生活或者一般状态下很难觉察到它。了解潜意识，可以让它更好地为我们的人生服务。

　　荣格认为，人格结构由三个层次组成：意识、个人潜意识和集体潜意识。他很形象地用小岛来区分这三个层次，其中，漏出水面的小岛是我们能感知到的意识，由于潮来潮去而显露出的水平面以下的地面部分是个人潜意识，而岛的最底层海床，则是我们的集体潜意识。

图8-1

第一节　意识的分类：意识、个人潜意识和集体潜意识 o————

我们的意识可以分为三类：意识、个人潜意识和集体潜意识（无意识）。除了我们能觉察到的意识之外，还有大量的信息储存在我们的潜意识和无意识中。这两部分是我们无法觉察的，但并不代表我们无法运用。其实潜意识和无意识中的大量信息一直在促使或支持我们的意识不断发展和成长。意识通常就是我们说的理性、逻辑和思维的部分。如果意识是我们的理性部分，那潜意识就是感性部分，而无意识则是灵性部分。这三个层面同步运作，相辅相成。

一个人的自我意识形成于2岁前后，因此，婴儿最初是没有自我意识的，他们在学说话、学文字、学数学、学逻辑的过程中，逐渐训练并形成自我意识，而潜意识则是与生俱来的本能，主要控制个体的欲望、冲动、情绪等。集体潜意识是超越个体的存在，是人类共有的、共通的部分。所以总的来说，从集体潜意识到潜意识，再到意识，一个人的独特性逐渐显现出来。

一个人的感性及自动化习惯，常常受制于潜意识。比如我们在空虚的时候可能会大量摄取食物，会对身边亲近的人有一系列的情绪反应，这都源自我们把潜意识的需求投射到了对外在环境的要求上。比如在和伴侣沟通时，如果我们没有和自己的潜意识连接，没有了解各自的内在需求，两个人仅仅在理性层面争执，就会有冲突、指责、愤怒、委屈等行为或情绪，或引发伴侣的冷战等逃避问题的方式。

如果我们能觉察自己的潜意识需求，妥善表达内心的情感，努力使自己的身心一致，可能就不会出现惯性的应激反应——通过理性或者经验去应对，而是选择当下身心需要的、与对方连接的智慧方式应对。这时，潜意识是更有创造力的。

如果我们的潜意识能够和意识协同运作，会给我们的生活提供很大的帮助和支持，这也是心理学想要达成的一个目的：**每个人能够更身心一致地处理问题，而不是陷入应激的模式或状态，进而避免被不易觉察的潜意识所支配。**

第二节　潜意识的六大特点

1.能量巨大，包含人类95%以上的潜能

一般而言，我们个体95%以上的能量被储存在潜意识中未被发展或训练。所以潜意识的第一个特点是：能量巨大。我们从一出生就有非常大的生命力，虽然意识还未形成，但某些潜意识和集体潜意识与生俱来。婴儿时期的我们就会通过啼哭来表达需求，这都是潜意识的作用。集体潜意识是我们生来就携带的遗传信息，是世世代代的经验积累作用于我们大脑所形成的遗传痕迹，因此我们每个人从出生就不是一张白纸。正是这些潜意识的能量使我们每个人拥有巨大的潜能，有蓄势待发的潜力。

2.简单，只接收直接指令

这一特点可以通过两个实验来验证：从现在起，不要想红色。你会发现，虽然自己理性上知道"不"的含义，但脑海中浮现的都是红色。第二个实验：从现在起，可以想红色，可以想绿色，可以想我们喜欢的任何颜色。这时候，我们的脑海里可能会出现很多颜色。

潜意识就是有这样的特点，它接收的是直接指令。举例来说，如果父母总是教导孩子"不要调皮""不要打架""不要三心二意""不要和老师对抗"等，孩子就会被"不要"后面的信息所吸引，并接收和演绎这些指令，变得调皮、爱打架、不专注、不听老师的话等。催眠也常利

用人的潜意识来发布指令：你不要闭上眼睛。这时候大多数人都有点想闭上眼睛。

所以从潜意识的这个特点来看，父母在养育孩子时，担心是"诅咒"，祝福才是最好的礼物。父母需要掌握这种智慧，比如在孩子出门的时候对他说："孩子，妈妈祝你开心。"这就是信任和祝福，这对孩子有非常积极的作用。潜意识的能量非常大，一个人之可以成为什么样子，关键就在于环境每天给他下达怎样的指令。我们每个人都是环境的孩子，环境塑造着我们。这并不是说我们的成长完全是被动的，因为成年人能主动选择相应的环境，但对一个孩子来说，他在环境中的确是被动的，他无法主动分辨、选择与什么样的人、什么样的能量在一起，所以，父母为孩子选择的环境很重要。

3.相比文字，更容易被图像刺激

相比于文字，我们的潜意识更容易被图像刺激。很多成功学讲师习惯于给人们描绘一些美好的成功愿景，就是利用了潜意识这一特点。当人们去想象成功愿景时，潜意识会接收画像的刺激与指令，进而潜移默化地去推动个体在生活中主动创造实现这一画像的可能，因而会更容易达到目的。

不过潜意识有一个缺陷，就是它对于图像刺激没有甄别力，既能受负面图像刺激，也能受正面图像刺激。而且，潜意识跟正面图像的联结是有障碍的。因此我们的潜意识中承载着太多太多的图像。父母及"重要他人"的人生状态、父母的情绪情感状态、父母的关系模式等，这些都根深蒂固地存在于我们的潜意识中。所以，在心理咨询中，去转化潜意识的图像性质，是一个工作重点。

潜意识的信息可以被转化。通过学习，我们可以用积极正面的信息来替代潜意识中装载着的从他人那里接受的负面信息。当然，这一转化工作的最好方式也是图像刺激，有两种实现途径：有意识地去植入新的正面图像和对潜意识中已有的旧图像进行转化。

关于有意识地植入新的正面图像，这点很好理解。上文提到的成功学的例子，或者在企业中给员工做企业愿景培训，都是基于这一点。

对潜意识中已有的旧图像进行转化，其实也包含植入新图像这个行为。举例来说，很多人有攻击性，特别容易冲动，常常控制不住自己去攻击别人。这时我们可以引导他去想象潜意识的旧图像，即攻击行为出现时他都会怎么做。他可能会想：把别人打了，自己后悔了。然后，我们带他去认识"攻击性"这个特质不仅蕴含负面能量，还蕴含着正面能量，比如有爆发力、战斗力。进而，启发他去想象如果把这种能量用于支持自己时会有怎样的图像，他可能会想：自己更强大，工作效率更高等。通过这一系列的工作，个体潜意识层面积聚在"攻击性"这个特质下的图像就发生了转化，那么尽管他是一个具有攻击性的人，但他不再会攻击别人，而是让自己变得强大。

转化，会让能量得到更积极的释放；压抑，则会让能量最终以更恶劣的方式爆发。如果一个人有攻击性，我们告诉他："你这样不对，攻击人可不是好的特质，你要学会控制自己。"这相当于让他去评判自己、否定自己，他会产生羞耻感和自卑感，觉得自己怎么会有这么恶劣的特质。

当他用意识去控制自己的攻击性时，其实只是将负面能量压抑在了潜意识层面，这时候潜意识的负面画像会越多越大，正面画像就没有了植入的空间。而通过转化工作，我们不仅可以帮助他认可自己，看到自己特质下的力量感，还能够让他的特质能量得到积极、顺畅的释放。

4.放松状态，是连接潜意识最好的通道

我们如何与潜意识连接，如何让意识和潜意识更和谐地运作呢？最好的通道就是放松。当我们处于半睡眠的放松状态，但又没有完全进入无意识状态时，潜意识处在打开的状态，也是最容易植入信息的阶段。所以，要想对潜意识的信息进行植入和转化，应该让对方处在放松、无戒备的状态下。

5.真实，以情绪体验为主导

我们永远骗不了自己，却可以用意识骗别人。我们人生中的第一次说谎是怎么学会的？父母很难过、很生气的时候，却告诉我们不难过、不生气，那时我们就学会了身心不一致。潜意识不会说谎，只听令于真实的情绪体验。如果你此刻不开心，但对外人说很开心，或对外人微笑，此刻潜意识会感受到不开心。我们在社会化的过程中被训练得不敢或者不被允许表达自己的感受。比如，我们难过想哭的时候，妈妈往往会说"不许哭，要坚强"。这时刻，我们就会用理性压抑自己的情绪，这种委屈感就会被压抑到潜意识层面。

从理性层面来看，身心不一致的状态可以给个体带来裨益。它更容

易被父母接受、被身边的人允许，并且能得到切实的好处，比如被赞誉是个好孩子。也就是说，孩子在说谎话的时候反而得到了肯定。孩子也许会因此感受到短暂的自信，但这种自信并不会真正让孩子内心有力量，反而是一种自我价值感匮乏的状态。这种孩子在成年后会继续通过说谎话来获得别人的认可，如果没有人认可他们，他们就会很失落，进而继续欺骗自己，同时希望别人也来欺骗自己。这种谎言下的自信，不是真正的自信，也不是真正的自我价值。

当我们真正和潜意识合作的时候，就有勇气承认并表达自己真实的需要。如果我们长期生活在压抑真实感受的氛围里，就会感受到巨大的分裂感。这些分裂感带来的压力无处释放的话，我们就会通过其他方式去释放，比如可能会伤害自己或者身边亲近的人。

6.不受时空限制，扭曲记忆

潜意识和意识的逻辑不一样，意识层面的逻辑有时间线，有前后次序，近期的记忆要比以往的记忆更清晰。而且能被记住的事情一定都是重要的，但潜意识的逻辑完全不同。潜意识层面中，童年的记忆更清晰、更重要，而且与记忆相关的情绪要比内容更重要。我们现在想到小时候发生的一件刻骨铭心的事情，可能还会有和当时一样的体验，这是因为潜意识里积压了很多未被处理的情绪。这种未被处理的情绪越多，我们就越难自在地活在当下，而是活在其他时空里。所以潜意识不受时间和空间的限制，能把我们带到各种不同的时空。

我们明明在理性层面上知道自己正身处某个房间，可是潜意识却可以带我们去往任何地方，比如回到童年的原生家庭中，"穿越"到未来的某个画面中。如果潜意识中积压着与某些人相关的情绪未被处理，我们就会受着这些人的心理牵引活在那个时空中，活在与那些人的连接中，或者把跟这个人有关的情感带到现实生活的各个场景中。如果我们在现实中遇到类似的人，就可能掉入过去跟这个人的互动模式，然后用过去的应对方式来应对现在的人，这常会引起现在的人的困扰或不满，而我们自己也不会得到想要的回应。

如果我们的潜意识压抑了很多这样的情绪和情感，就很容易和现实世界脱节。那么如何能够让自己更自由地活在当下，在现实关系中越来越真实呢？前提就是去觉察潜意识，觉察其中未完成的情绪和情感体验。潜意识储存了大量的图像和感受，我们要去转化、处理、释放，这样才能让自己不再被潜意识束缚，更好地体验活在当下的感觉，才能在关系中创造一些新的互动方式，而不是沿用旧经验。当然，与潜意识的连接要反复不断地训练，因为潜意识的信息量很大，有一些可能很容易被觉察，但有一些已经被我们遗忘很久，需要我们去做深层次的觉察。

潜意识不会遗忘。对于有些痛苦的经历，我们的意识已经遗忘了，它们仿佛对我们的生活也没有造成困扰，但是一旦和潜意识连接，记忆被唤醒后，我们就会体验到巨大的痛苦。所以很多人不愿意挖掘潜意识的信息，因为没有勇气直面痛苦，导致在生活中采取一系列无效的行动策略。而且，当我们刻意回避某些记忆或者我们担心触碰痛苦时，我们会逃避和放弃一些成长机会，那么我们可能会获得暂时的舒适，但成长和发展的可能性会被阻碍。这种做法只是在进行自我欺骗，逃避问题，问题不会消失。当问题越滚越多，滚雪球般地到一个极限时，随便哪一根稻草都会压垮我们，让我们被迫用痛苦来成长。与潜意识连接则可以通过"打预防针"的方式让我们成长，让我们从未来人生中可能会出现的痛苦或因为这种痛苦而失去的机会中提前跨越过来。通过触碰、解决压抑已久的痛苦情绪让自己成长，形成对类似痛苦的"免疫力"。这样我们会比原来更有能量，更有力量接受新事物，更有勇气面对以前不敢面对的人。

　　每当痛苦的时候，我们应该停下来，更温柔地照顾自己的潜意识，去理解潜意识的深层需要，这才能让自己获得良性的自我支持力。很多时候，我们的痛苦不是因为经历，而是因为我们产生的自我评判。所以痛苦的真正来源是，每次感觉到痛苦时，都有一个理性的声音告诉我们——"我不够好""一切都是我导致的""是我让关系变差"。这种自我指责才是让潜意识痛苦的来源，和潜意识连接并非是为了指责自己，而是更好地理解自我需求。所以我们要清楚记住与潜意识连接的目标，把焦点放在如何让自己更舒服，如何让人生更和谐，如何满足童年未被满足的需要上。

第三节　潜意识的积极力量：从与意识的合作开始

　　我们的意识之所以会和潜意识发生冲突，是因为意识没有为我们服务，而是为别人服务。我们强压住潜意识自我的声音，去听从别人的声音。很多人小时候接收了一个非常可怕的催眠指令是：你要做一个听话的好孩子。已成年的我们在进行潜意识转化时，第一步就是拿回自主权，为自己所用。作为父母，如果我们能够了解这一点，并在养育孩子时多鼓励他们去听从自己的内心声音，而不是听从于父母，就等于给孩子未来的人生减少了很多束缚，孩子不会有或很少有纠结的内心对话：我该不该这样做？别人会怎么看我？他们的潜意识和意识能迅速地同步反应，长大后的生活模式既能让自己舒服，也能让别人舒服。因为这时候的孩子在尊重自己潜意识、照顾自己需要的同时长大，这种内在的力量感也会吸引别人用彼此舒服的方式来与之相处。

　　学习、了解、运用好潜意识，能让我们的生活变得更美好，更少陷在身心不一致的状态中。几乎每个人的意识和潜意识都有冲突，因为我们的意识中有很多"不应该"，而潜意识又有很多"我想要"，这些冲突会变成内在的自我对话。另外，潜意识还积攒着大量的情绪与情感体验，如果我们的意识过分压抑这些体验，它们就会通过疾病的方式让我们的身体受苦。很多身心疾病，包括心脑血管疾病、糖尿病、心脏病、高血压，往往都有心理方面的成因，患者的潜意识层面有太多未被关注的情绪、情感，最后加速了疾病的质变。我们的心首先"生病"，身体才会生病。事实上，身体其实是受潜意识所控制的，因为我们不需要通过大脑思考，身体就能自动运作。

意识和潜意识能够和谐运作，我们才会变得更健康、更舒服，才能给他人带来舒服的感觉和体验。想要实现意识和潜意识的和谐，我们就要减少对自己的评判，不压抑自己，更尊重自己，这种身心一致的状态就能吸引和我们一样的人，与他人的关系才会变得更和谐。

我们的潜意识中储存了大量的能量，如果潜意识和意识能配合，那么潜意识的能量就能为我们所用，使我们创造或训练出一系列让人生更有意义的能力，比如处理自我关系的能力、增加自信的能力、经营好人脉的能力、沟通的能力、转化情绪的能力。这些高效的能力不是从外在学来的，而是经过内在训练出来的。

我们的潜意识有非常强大的创造力，我们的身心中储存了宇宙万物大量的信息。所以我们任何人都不要小瞧自己，因为我们有很大的能量。如果我们能够觉知这一点，活出这种巨大的生命力状态，与万物的智慧连接更多一点，我们会变得更有创造力，更能做一些有意义的事情。

第四节　和潜意识连接的练习

下面这些练习能帮助我们去感受潜意识，去接触和体验它。

和潜意识连接练习（一）

先闭上眼睛，放松，深呼吸，感受和呼吸在一起的身体，想象我们的耳朵、眼睛都向自己的内部开放。

原来我们通过耳朵、眼睛收集的信息都是向外的，现在全部向内去听、去看。身体内部就是一个世界，里面有我们需要的图像、声音、信息。当我们看见自己、倾听自己、感受自己的时候，会发现身体自然就有想要调整的冲动。接下来，我们体验一下潜意识带给我们的感觉。

伸出双手，很放松地将手抬起来，然后想象左手上方有一根系着气球的线，这个气球可以牵引着我们的左手向空中飘浮。我们的右手下方有一根系着铅球的线，这个铅球可以拽着我们的右手向下坠落。慢慢感受向上升的力量和向下坠落的力量。然后睁开眼睛，看看两只手。

我们会发现，通过想象两只手被气球或铅球作用，两只手会很自然地处在不同水平线上。这就是潜意识的暗示作用，我们可以运用这种暗示改变身体的姿态。在生活中，我们可以将他人暗示和这种自我暗示结合在一起，这样既能很好地与外界互动，又能尊重自己的内在真实需求。

接下来，我们分享一个能调动潜意识潜能的伸展练习。

和潜意识连接练习（二）

首先，站立，双腿合并，双臂伸展与地面平行，然后双臂极力向右扭转，最好能固定到墙上某个点，然后记住自己此刻身体扭转的极限到哪里。然后，将身体再转回原来的位置，闭上眼睛，调整到舒服、平静的状态。

接下来，开始想象自己的身体是一个柔软的弹簧或海绵，让躯体处在很放松的状态。我们可以自如地扭动自己的身体至90度、180度，甚至更大角度。想象及体验身体在扭转的过程中一直处在舒服、放松的状态。当能想象出这样的画面时，再一次伸开双臂，并扭转身体到极限。

然后，睁开眼睛，对比两次身体的扭转极限有什么区别。

通过这样的练习，我们大部分人都会比上次扭转的角度更大，这其实就是我们潜意识蕴含的潜能。比如我们在健身或练瑜伽时，如果身体很难做到某个动作，就可以运用类似的想象进行自我催眠，使自己的身体和潜意识更配合。

第三个练习与饮食有关。我们在吃东西时，往往听从大脑的声音，但身体机能的需求是受潜意识支配的。下面这个练习可以帮助我们学习用潜意识选择食物。

和潜意识连接练习（三）

首先，闭上眼睛，放松，调整到一个很舒服的坐姿，然后想象不同的食物逐一从眼前飘过，可以有自己喜欢的精致餐具和肉类、蔬菜、甜点、水果等。

接下来，用你的潜意识去挑选，每当一类食物到自己面前，我们就询问自己的潜意识：我的身体喜欢这种食物吗？我的身体需要这种食物吗？

如果我们的身体不需要某种食物，潜意识会驱动我们做一些抗拒的动作；如果我们的身体需要某种食物，它也会驱动我们做一些接受的动作。比如内心有"是"或"否"的声音，食物会靠近或远离我们的视线，这些感觉会告诉我们潜意识给出的答案。

当我们做完这个练习后再看食物，就有了一定的选择，有些食物会让我们舒服、身心愉悦，有些食物则是我们的身体不需要的。

我们可以通过这个练习来选择现阶段或者当下这一餐所需要的食物，也可以通过这个练习来定量饮食。我们的身体通常在感受到七八分饱的时候，潜意识就叫停了。如果我们违背潜意识，它也会用自己的方式来抗议，比如让我们感受到胃不舒服。如果我们忽视潜意识的需要而暴饮暴食，身体机能就会失衡。尊重潜意识对我们的身体健康是很有帮助的。

另外，想吃食物也可能不是因为饿，而是其他一些需求，如想和朋友联系，想和亲人交流等。中国是有饮食文化的国家，饮食中包含大量的附加信息，有时候这些附加信息比吃饭更重要。所以我们要清楚，吃饭只是一个形式而已，潜意识会支持我们身心愉悦地和朋友、亲人享受在一起的时刻。

最后一个练习是关于关系的，需要两人配合完成。我们可以找一个搭档，然后与之面对面站在一起。

和潜意识连接练习（四）

先闭上眼睛，搭档跟随指令做出一个动作（比如用手指向你），然后你睁开眼睛看到搭档的动作后可能会做出一个应激反应，比如对抗、逃避，并且会紧张、不舒服、有压力。

接下来，继续闭上眼睛，搭档重复和刚才一样的动作，然后你保持放松、舒服、平静的状态，睁开眼睛后继续保持放松，不管对方做什么，你都要放松，想想自己希望和对方成为什么关系，感受当下自己会有什么不同的反应，比如握手、拥抱。

我们要尊重自己的感受，而不是被他人的感受所左右。 在生活中，我们常常太过在乎他们的感受，为了迎合对方，我们会压抑自己的真实感受。这并不是我们想要的。在人际关系中，人与人之间的潜意识是会相互影响的，当我们听从潜意识的需求，去主动改变自己的行为模式时，对方的回应模式也会发生相应改变。当我们有意识地去关注自己的潜意识需求时，也会渐渐变得更能觉察对方未表达出的需要。那么彼此的互动才更深入、有力，这是身心层面所散发出的互动能量。

从意识层面来看，我们很容易通过个体在关系中的表现来定义强弱，但是在潜意识层面来分析，表面上强的人不一定强，而表面上弱的人也不一定没有能量。比如，在面对别人的攻击时，我们的理性层面会觉得攻击者更强大，被攻击者更弱小。但其实在潜意识层面，攻击者通过攻击别人的方式来释放能量，而被攻击者通过防御的方式（比如沉默）来保护自己。当我们被攻击时，如果用对方对待我们的方式去回应他，关系会更加恶化。而如果我们能够看到对方潜意识的需求，比如是在表达愤怒，或者表达拒绝，那我们就可以以柔克刚，通过更恰当的回应方式让关系变得更好。潜意识的力量不仅包含愤怒、拒绝这些情绪力量，还包括更强大的生命力量——对人性的理解、对生命意义的追求。如果我们能够用尊重自己、包容对方的方式来做出回应，产生的能量要比对方的愤怒情绪更强，那么关系模式也会被我们改变，导向更健康的维度。

第五节　告别应激反应，活在当下

潜意识练习可以帮助我们更好地觉察自己，活在当下。不管我们在面临谈判、冲突，还是面临决策时学着不着急应对，先放松自己，回顾自己的内在需要，再给予应对。通过让自己的意识和潜意识活在当下，我们才会做出最具智慧的反应，而不是沿用旧模式，或被刺激带入其他时空去做出应激的反应。

和潜意识连接，能使我们同时在心灵层面活在当下时空里。当我们做出自动应激反应的时候，往往不是基于当下的情境，而是进入了旧有经验的时空里。因为我们已经在意识层面上将旧有经验加工成"我应该如何去做"的条规，所以我们往往在现有关系中依然延续旧时空的反应。比如，在童年时期当有人拒绝我们时，我们会选择逃离，因为那时的我们没有力量改变他人的决定。但现在的我们已经长大成人，在被人拒绝时，还是会选择逃离，这并不是因为我们没有力量，而只是基于童年经验形成了这一固化的应激反应。只有与当下的需要连接，我们才能从那个旧时空里跳出来，结合当下情境做出积极反应。因此，觉察并连接潜意识，可以帮助我们做出更有创造力的策略和行动。

在潜意识层面，时空是错位的。跟潜意识连接的主要目的是让我们看到潜意识的真实需要，告别对消极策略的沿用，而启动积极的策略来行动。消极策略是个体基于旧时空经验形成的，所以策略的"切换"就意味着时空的"切换"。在当下情境里，不管遇到任何刺激，都不要直接采取行动，而是先进行自我允许和自我关照。我们要允许自己深呼吸、放松，尽量找到身心愉悦的状态，让潜意识存在于当下时空里，再去做出理性回应。

潜意识能穿越时空，把我们带入过去，也可以把我们带往未来。因此，通过借助潜意识的力量，我们可以假想未来的场景，并做好准备。在经营关系时，如果我们用旧有的应激反应来面对冲突，比如逃避、冷漠、封闭自我、讨好，那我们会体验过去所体验到的痛苦，同时还会让对方无所适从，甚至痛苦难过。用这样的方式来经营关系，换来的必然是关系的失败。如果我们利用潜意识可以穿越时空的特点，先去想象一下用旧模式反应会出现图像，再想象自己渴望达到的结果——他好，我也好，彼此舒服、融洽的关系。那么我们就会有意识地去启动更积极的应对策略，来实现自己假想的结果。

通过与潜意识握手言和，我们可以看到自己未被满足的需要，并学着去自我满足。当我们能做到这一点时，我们就不再会在别人身上投射需要，不再会期待别人来满足自己的需要。为什么很多人在亲密关系中会变成另外一个人？因为他们在伴侣身上投射了太多未被满足的需要，这些需要的匮乏是过往多年的生活经历造成的，现在全部落在伴侣身上，会给伴侣太大的压力，导致伴侣想要逃离。当我们通过觉察自己的这些潜意识声音，学会自我满足，就不再会对伴侣过度索取。如此，关系才会轻松、和谐。

和潜意识沟通练习

1. 呼吸放松。

2. 想一件接下来要完成的重要事件。

3. 感受身体感觉比较强烈的重心点，用其代表潜意识。

4. 与潜意识对话：我能看到（感受到）你，谢谢你一直支持我，接下来我有一件非常重要的事情要做，我希望这件事可以做得更好，邀请你支持我，谢谢你。

5. 想象未来这件事情变得更好的画面（可以是多个画面），画面中的自己更智慧，得到了更好的成长。

我们从小到大是如何接收、搜集和加工这个世界的信息的呢？

通过视觉、听觉和感觉这三大感官通道。

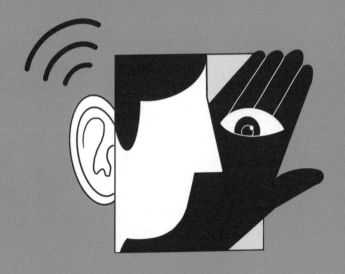

经验元素

第九章

　　经验元素是我们的大脑记忆、储存的信息，它们经过三大感官通道——视觉、听觉和感觉进入我们的意识。视觉可以使我们认识和了解这个世界，经由视觉获得的图像也是刺激潜意识最核心的通道，所以视觉是经验元素的重要来源；听觉可以使我们对世界的判断更具体、更准确；感觉是我们内在的真实体验。

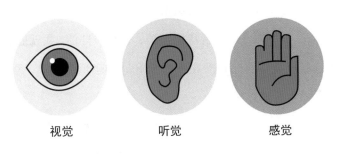

视觉　　　　　听觉　　　　　感觉

图9-1

第一节　三大经验元素：视觉、听觉、感觉

视觉元素、听觉元素、感觉元素是我们获取信息、存储信息的三大经验元素。对于不同个体而言，获取信息的感官通道是不同的。当我们回想小时候的事时，有些是视觉型的，比如对小学老师上课时学生们听讲的画面印象深刻；有些是听觉型的，比如回忆起某次午休时风铃的声音、路上行人的说话声、汽车鸣笛声等；有些是感觉型的，比如某次被老师批评后的内心感受。回想小时候下雨天的场景，有件事我记忆犹新，一下雨，我的外婆就给我讲可怕的故事。外婆为了不让我乱跑，能够乖一点，就吓唬我："雨天会有老妖怪，它会跑到家里的门后面避雨。"所以一到下雨天，我就特别害怕，只要一打雷，我就躲进被子里。尽管现在已经成人，我还是会在下雨天有这种恐惧的体验。可见，我获取信息的方式主要通过感觉。

我们从小到大通过视觉、听觉和感觉通道接收的信息特别多，可是我们并没有足够大的空间来储存所有信息，所以潜意识会有选择地记忆能增加我们人生体验的信息。比如小时候走路摔倒了，身体就有痛的体验，潜意识会记住这种体验，未来走路看到地上有坑时，痛的体验会被唤醒，身体会自动化地被调动起来绕过它。潜意识会让我们从痛苦体验中吸取教训，进而转变应对策略，得以成长。还有一些记忆之所以被潜意识记住，是因为它没有完结。我们很多的痛苦或悲伤的负面记忆往往是未完结的，因为这份记忆所包裹的情绪没有被释放出来，也没有容

器来容纳它。所以它一直占据潜意识的储存空间。我们最需要的不是有人帮着处理它，而是有一个重要的成年人可以做我们情感的容器来容纳它，让我们的情绪能够释放，这样我们的负面记忆可能就会减少，最终被放下。否则，这份记忆就会像一篇没有句号的文章，一直会被保留在潜意识里。

也就是说，我们在处理内在负面体验和记忆时，不是单纯地解决问题本身，而是让情绪释放或把成长经验留下。通过在潜意识层面做工作，我们会发现，原本对有些事情的记忆非常深刻，但记忆越来越模糊，有一些事甚至都想不起来了，这就是潜意识内容得到有效转化的表现。通过转化，我们的负担会变少，储存在潜意识内的负面信息和经验越来越少，而能为我们所用的成长经验也随之增多。

以上是我们收集外部信息的经验元素，那么信念系统、人生脚本、心智模式，这些都是怎么加工而来的呢？其实加工这些信息，也是运用这些经验元素。通过视觉、听觉、感觉元素，我们对父母的互动模式耳濡目染，未来就会在人生中不自觉地使用类似的关系模式。我们对这种关系模式的关注，或许是因为喜欢，但多数时候是因为恐惧。因为小时候的我们对父母这种没有爱，只有冲突和伤害的关系模式心生恐惧和逃离的愿望，可是自己只能靠家庭和父母才能生存下去。

因为没有能力逃走，所以我们就有一个未完结的情结，期望长大以后一定要逃离这样的关系。越想逃离这种经验，越需要知道这种经验是什么，于是我们会不自觉地被其中引起我们强烈情绪体验的负面信息所吸引，而不去关注正面信息。成年后，我们在找寻伴侣时会刻意关注与父母类似的行为模式。如果有类似负面行为，则剔除之。这种为了逃离而刻意选择的心理动机反而导致我们特别关注这些负面模式。

相较于听觉元素，视觉元素的作用更大，而相较于视觉，感觉的作用更大。所以三大经验元素在个体认知模式的形成中所起的作用是：感觉元素 > 视觉元素 > 听觉元素。就像我们小时候走路摔倒太多次，现在只要走在马路上就会想：这条路有几个坑？坑在哪里？应该如何躲开？我们不会想这条路上有花有草，要享受这些美景。

身教重于言教的原因在于，身教刺激的是视觉和感觉两个通道；而言教刺激的是听觉通道。人类的潜意识是相通的，小时候看到别的孩子哭，我们也会哭；看到别的孩子摔倒了，我们也会觉得自己摔倒了。我们在看一些动作片时会很紧张，因为我们感觉就是自己在打架。我们人类的潜意识是完全打开的，而且有相当一部分是和其他人的潜意识连接的，因此我们会把最亲近的人的某些体验默认成自己的体验。我们会发现孩子往往不会听父母讲道理，他们更多的是看父母都做了什么，是如何对待自己和别人的。所以在认知模式的形成中，视觉和感觉的体验更重要。

第二节 经验元素的本质：内部感官系统储存的信息

视觉、听觉和感觉三大通道是我们接收外部信息的通道，我们也有接收内部信息的通道——内视觉、内听觉和内感觉。比如想象父母的样子的时候，我们可能会在脑海中首先"看到"他们的形象，然后"听到"他们曾说过的话，或者身体"感受"到某种与他们相关的感觉或情绪体验。在进行回忆或想象时，内视觉、内听觉和内感觉哪个通道信息先跳出来，就说明你的这个内部经验元素比较占优势。我们东方人多数是视觉型，内视觉储存的功能更强大。这可能基于我们东方的文字形式是象形文字，便于视觉记忆的原因。我们的视觉通道其实在世世代代已经被训练过，从出生伊始我们就更擅长于用视觉来加工经验元素。

我们的内部感官经验决定了我们未来的感知、行为模式。与父母的关系是我们人生中的第一个人际关系。如果我们想到父亲的时候会有压力感，那么当我们和权威男性相处的时候，会不自觉地涌现出这种压力感。男性能量也意味着与事业和挑战的关系，在吵架时、有工作压力时，我们可能也会产生这种压力感，这些都与我们和父亲的内部感官经验有关。和母亲的关系会影响我们与女性的关系，如果我们和母亲在一起时没有压力，那么我们未来的生活就会充满温暖和安全感。

我们的内部感官系统储存着大量的信息，这些信息经过加工形成我们独特的经验元素。对于我们每个人而言，绝大多数经验元素在生存层面是支持性的，即有利于我们更好地生活，只有一小部分经验元素是有害的，是需要去觉察和转化，比如限制性人生脚本、无效的关系模式。那么，如何去觉察这些糟糕的经验元素呢？当我们经营工作和家庭关系出现无力感的时候，当我们有负面情绪的时候，当我们沟通有障碍的时候，当我们的人生出现一些无效状态的时候……这时候，我们旧有的无效的经验元素就会被激活，也是我们需要有意识去做转化的时刻。

第三节　经验元素的作用：趋乐避苦

通过三大感官通道收集、过滤、加工和储存的经验元素能让我们在面对未来的生活时更有经验，从心理动力学的角度来说，就是趋乐、避苦。借助经验元素，我们会逃离危险和痛苦的体验，创造更多快乐的体验。人的注意力是有限的，如果我们把注意力都放在远离痛苦上，那就没有更多的时间和精力去享受快乐。反之，如果我们能及时避免痛苦、逃离痛苦，我们就有更多时间和精力享受快乐，幸福感也随之增加。

同时，随着我们将无效的经验元素转化得越来越多，在生活中就不会处在躲避危险的应激状态，而是会自动、主动地寻找快乐，这样我们的生活品质也会提升很多。因此，了解三大经验元素的目的，就是让它们更好地服务于我们的生活。

1.处理储存在潜意识中的无效信息

我们不同人在形成经验元素时，倾向使用的通道各有侧重。基于使用内感官的偏好，我们人类可以分成三类：视觉型、听觉型和感觉型。视觉型人的逻辑能力非常强，比较有策略和前瞻性，说话和做事都很有逻辑；听觉型的人话比较多，爱唠叨，他们觉得多表达自己才能被重视；感觉型的人更在意情感体验，尤其渴望被人理解和保护。

我们的潜意识是喜欢图像刺激的，因此通过图像储存信息是最简单、最迅速的信息存储方式。对于一幅《八骏图》，我们用语言描述需要花费很久的时间，包括八匹马的姿态、图画的颜色和边框、创作的背景等。我们描述给不同的人，不同人在脑海中形成的画面也不完全一样。但如果我们用图画的方式去呈现这幅画，信息就能很快被高效传达出来。所以视觉型的人办事效率比较高效，做事有条理，结构性比较强，但不够细腻、细心，缺乏耐心。如果孩子有一个纯视觉型的妈妈，情况会怎样？孩子的情感会比较细腻，内心很脆弱，他就可能很难和妈妈倾诉心里话，因为视觉型妈妈没有耐心去理解他。

每一种经验元素都有它的优势和弊端，只有将这三大经验元素运用熟练，才能在实际生活中根据需要灵活运用，才知道在什么情境下用哪种通道去配合对方，才能有弹性地处理好自己各方面的人际关系。这样，我们的人生才变得更多维，适应性才会越来越强，才能胜任各种不同的岗位。

在生活中，如果我们只偏好于用一种内感官通道接收信息、应对外界，会容易出现认知偏差，甚至认知失调。我曾经有一个感觉型来访者，他能很清晰地知道自己的感受，但当我引导他运用内视觉"看到"自己真实的关系状态时，他很难做到这一点。他不能看到关系的整体性是什么样的，而总是困在自己的感觉里。于是我鼓励他画出来自己的感觉，在画完之后，他再看关系的视角就发生了变化。心理学中有种疗法叫绘画疗法，通过绘画能对视觉逻辑做一个补充，这也是绘画疗法对某些来访者更有效的原因。

2.借力内感官，让我们的人生更有效

我们可以借助视觉、听觉、感觉这三大通道来构建关于未来的成功愿景。比如视觉型的人可以自由想象一些关于成功的画面；听觉型的人需要想象一些与表达、演讲有关的画面；感觉型的人不仅要想象画面，还要想象自己进入画面中去体验。如果我们能很好地利用这三大通道，那么这种身临其境的成功愿景会更容易在现实生活中起到激励作用。另外，内视觉、内听觉和内感觉其实是我们的潜意识储存信息的方式，如果我们能学习将这些信息调用，它们就可以帮助我们的意识，使我们在决策时变得更有逻辑、更理性。

我们的潜意识储存了很多碎片式记忆，现在我们可以用经验元素来厘清知识。

运用经验元素练习

想一下我们以往学习的知识，我们能看到什么画面？有什么感觉？我们可以把所有学过的知识进行分类，比如根据学派、学科、兴趣等。然后闭上眼睛，想象在自己的潜意识中有一个书柜，这个书柜的样式、材质、颜色、大小、高度完全是自己喜欢的样子。然后根据分类，将书柜分成相应的区域。

想象刚才一堆混杂无序的知识自动飞到书柜中完成了分类（我们的潜意识不需要特别清楚每类知识具体是什么，但是它有能力将相应的知识划分到相应的区域中）。

最后，对每一类知识，我们想象着去贴一个标签，并想象未来每当自己需要在人生中用到这些知识的时候，它就会自动跳出这个区域，为我们所用。

我们可以看到、听到和感受到与每一个区域知识的连接，然后把所有这些感觉储存在潜意识中，慢慢回到现实。

这个练习能帮助我们认识到自己拥有的知识，在哪个领域储存了足够的知识，而哪些方面的知识需要学习。我们每个人都可以练习运用经验元素，来帮助我们的逻辑更清晰。

第四节　如何平衡三大经验元素

　　我们不同人的经验元素依赖于不同的感官通道，这使我们人类有视觉型、听觉型和感觉型之分。那么，我们如何与不同类型的人互动，并与他们更有效地建立关系呢？我们可以通过感觉通道的训练来实现这一点。比如，一个视觉型的人吸引的朋友往往都是同类型的人，他们有更多的共同语言，更能感受到彼此，这些又会反过来强化视觉这个通道，而另外两条弱的通道也就显得更弱，他们在与听觉型、感觉型的人相处时就容易不合拍、不同频。刻意运用这三条通路，会让我们的每一条通道都变得更强。刻意运用某条通道，就意味着有意识地用该通道接收信息，比如听觉型孩子要学习某篇文章，我们不要要求他一个字一个字地去读、去诵，而是引导他用眼睛去看，然后让他有意识地去把这些信息放于脑海中，就能锻炼孩子对视觉通道的使用。通过用自己不擅长的通道来获取信息，久而久之就能更好地平衡三条通道。

　　我们每个人现在的生活状态是自己常用的感官通道获取信息形成经验元素所造成的，刻意练习感官通道的使用可以改变我们现有的生活状态。比如，如果我们过分在意自己的感觉，就会因为别人一个眼神而难过，因为别人一句话而自我怀疑。如果想要停止这种内在对话，那就要换种方式与世界交流，比如听一下大自然的声音，结交一些新的朋友，人生可能就开始有一个新的转折点。感觉型的人可能更喜欢音乐带来的情绪体验，那就可以用听音乐的方式来训练自己的听觉。但要注意，在训练感觉通道时不要强迫自己，让自己产生逆反情绪。比如听觉型的人可能喜欢美食，但没必要一定强迫自己去看菜谱，而是可以使用音频式菜谱。

总之，我们可以有意识地训练自己发展不同的感官通道，如果我们在生活中能灵活运用三种通道与世界交流，我们的人生状态就会不一样。在生活中，擅长用视觉通道的人相对更多，这类人需要处理的是情绪和情感体验，并从这些体验中抽离出来。接下来这个练习有助于实现这一点。

现场抽离法练习

用如下两种方式谈论一件曾经让自己有情绪的事情。

1. 投入式谈论（第一人称）——想象自己正身临其境，还原当时自己在和谁说话，对方说了什么、做了什么，自己产生了怎样的情绪，这种情绪的强度有多大。

2. 抽离视角（第三人称）——想象自己是房顶上的摄像头，俯视包括自己在内的整个事件发生的场景，然后用第三人称去描述同一件事，分析此刻涌现出的想法或者策略有什么不同。

练习效果：使你的情绪更加稳定，思路更加清晰，视角更加宽阔。

两种方式带给我们的主观体验完全不同。第一种方式往往会让我们处在一个受害者的角色上,我们会关注别人对待自己的态度、方式,十分在意自己当时的情绪体验,却不关心真相到底是什么;第二种方式能让我们抽离出来,从他人的角度更清晰、全面地看待问题。这时候,我们可以启动理智,而不会沉浸在情绪里。这种方式能帮助我们打开视觉通道来看待问题,一旦我们有了视觉这条通道,能够看见事情真相的时候,我们的理智和应对策略就能发展出来,我们对世界就会有更多的理解力,思维会更有逻辑性,也能使用更多有效的策略,而不再只是被情绪左右。使用现场抽离法,实际上是改变了储存在我们内在的信息通道,由内感觉信息转化为内视觉信息,进而使我们有机会重新看待事件,重新赋义和解释。那么,当未来我们再遇到类似的事件时,我们能更有支持力地去应对。

我们对事物的认知建立在储存于潜意识的经验元素基础上。经验元素的存在,使我们无须亲历某些情境便可以唤起相应的体验。比如,我们很多人都怕蛇,但其实自己从来都没有被蛇咬过,这就是我们的经验元素对认知产生的影响。因为我们看过蛇伤害人的相关电视剧或者图画,或者听别人讲述过被蛇伤害的经历,或者共情了别人被蛇咬到后的痛苦感受。也就是说,我们的视觉、听觉和感觉通道接收的与蛇相关的信息都是能唤起恐惧感的,所以这些经验元素使我们一想起蛇来就害怕。我们虽然没有亲身体验过蛇的可怕,但它们也会储存在我们的经验元素中,并在我们未来的生活中发挥作用。

如果我们对某种事物有恐惧体验，可以结合下面这个想象练习来改变经验元素。

改变经验元素练习（一）

想象一种特别害怕的动物，可以是蛇、老鼠、狼等。想象它就在自己面前，使你感到很恐惧，可以用0～10分来评估自己的恐惧值。

然后，继续想象把这个动物推远一点，推远至让自己感觉到安全、不再恐惧的距离。

再想象这个动物变小一点，自己变大一点。这就是我们潜意识的能力，潜意识储存的经验元素是可以随时被我们灵活运用、给予调整的。潜意识就像一个孩子，画面越好玩，它越会产生作用。

通过以上的想象，你再想起这个动物时可能会觉得舒服一些。然后，继续想象，比如你给这个动物加上小胡子、戴上眼镜，想象它像卡通动物一样可爱。

记住这个画面，回到现实生活中。

当我们改变关于自己害怕的动物的经验元素后，再想到它时就会感觉有很大的不同。

如果你有恐高症，可以借助想象来改善。

改变经验元素练习（二）

想象自己站在一座高楼的某一层里。如果你特别恐高，就可以把楼层想象得矮一点。如果不那么恐高，可以想象自己位处二三十层的高楼。你正站在窗户边，没有安装窗户，也没有任何防护措施。

你站在窗户边向下俯瞰，感觉很恐惧。这时，想象为窗户安装上一层厚厚的玻璃。玻璃很明亮，很安全，你试着用手推它，它牢固不动。这时，你再透过玻璃看外面的世界，你的恐惧感就会得到有效缓解。

如果我们每想起某些事物时，就有不良情绪体验，那我们需要做的就是意识到在潜意识中储存的经验元素，并通过刻意练习去对经验元素进行重新组织、更新，以免未来再遇到相似场景时掉入原来的负面体验中。我们的经验元素大多数来自视觉通道，因此教大家一个专门改变视觉经验元素的练习。

改变视觉经验元素练习

1. 想起过去某个事件，你的感受是什么？给唤起的情绪评分（0～10分）。

2. 让自己放松，与潜意识保持连接。

3. 想象着把当时的场景放进电视屏幕。

4. 调整屏幕（比如彩色变成黑白，动态变成静止，声音调小，整个屏幕调远、调小，最后调至左前方很远的一个黑点）。

5. 储存（把事情的正面意义储存在心中，并随屏幕的调整变小）。

6. 打破状态，测试效果。

这个改变视觉经验元素的练习可以帮助我们处理旧事件中的负面情绪。它操作起来比较简单，无须他人配合，可以独立完成。

实操举例

个案问题：在某次事件中感到失落

个案：周日大家在单位加班，但并没有给我安排工作，我内心很感动。周一，我买了自己觉得很好吃的蛋糕拿到办公室。很多同事都说特别好吃，其中有两个同事特别忙，一直没有吃蛋糕，还有一个同事说："我不吃蛋糕，我减肥。"对此，我感到很失落。

导师：你有失落和失望的情绪，现在给你的情绪评一下分。

个案：7分。

导师：保持放松的状态。当你感到身心处于放松状态的时候，就点头示意我。你想象着又回到那间办公室，能够看到这个场景，并把它装进一台电视机的屏幕上。这个屏幕中发生的故事是彩色的还是黑白的？（待个案完成这个步骤后发问）。

个案：彩色的。

导师：现在你可以想象，这台电视机的遥控器就在你手里。你可以轻轻地按一下，把彩色的画面稍微变得模糊，最终变成黑白色。画面是动态的还是静止的？

个案：动态的。

导师：那么现在让画面慢下来，直到静止。画面是有声音的还是无声的？

个案：有声音。

导师：按住遥控器，把音量慢慢调小。现在想象遥控器不仅能控制画面，还能控制电视架来移动电视机的远近。想象将电视机调得更远或更低，总之移动到让你感觉更舒服、对自己影响更小的距离或高度。想象把电视机挪到左边，然后继续调节画面，画面越来越模糊，声音越来越小。在慢慢调节的过程中，画面忽然变成了雪花。继续想象电视机离你更远，直到你看不见画面、听不见声音，电视机变成黑点为止。这个黑点小到用你的左眼的余光稍微能够瞥见即可，完全不影响你往正前方看自己的未来。然后，慢慢地睁开眼睛，回到现实生活中。可以看一看自己待的房间，感受房间的温度。现在，再想一想刚才谈论的那种失落感还有几分呢？

个案：3分。

导师：3分就代表你可以不用再去处理它了。它不会完全消失，因为这是潜意识留给我们的经验。它在提醒我们，这个情绪对我们来说有意义。如果分值仍大于3分，你还可以做一件事情，就是从远处画面中的小黑点中剥离出借鉴意义储存起来，提醒自己下一次能有所成长。

或许你会觉得，这种练习是自欺欺人，因为即使在做练习的过程中感觉很好，也想象别人对自己很好，可是现实生活中往往并不是自己期待、预设或理解的样子。

事实上，改变经验元素最核心的效果是，下一次行为不会完全照搬上一次的经验。也就是说，旧经验不会被完全用于新行为上。拿前文学员的例子来说，在做了改变视觉经验元素的练习后，他脑海中想起的与同事之间互动的画面和失落情绪都会得到转化，那么，在生活中再遇到类似情景时，他的互动行为就会发生变化，所产生的情绪也会有所改变。我们在生活中永远不会遇到完全相同的两次事件。这也就意味着如果我们的反应模式略有改变，再加上事件的变化，最终的结果一定大有不同。但是，如果个体的反应模式已固化，而且没有去做刻意改善的练习，或者练习的强度很小，那么当下再遇到相似情境，已固化的反应模式还是会再现。这就是为什么越固化的旧经验，越难以被替代的原因。

所以，旧经验越固化，越难以被消除；越花费心力去处理旧经验，现在就越能形成新经验。当然，这个练习不能保证我们在以后完全不使用旧经验，但是可以保证，我们能更容易形成新经验。这就好比我们的潜意识被清理了内存，新"软件"就有储存空间了。

我之前接触过一位个案，每当要过桥的时候，她就会感到很恐惧。

我引导她做改变经验元素的练习，她提前想象在过桥的时候应该如何让桥变得有安全感。通过练习，她过桥时的恐惧感逐渐减小，而这种过桥的新经验进一步使她有勇气面对独自过桥。所以，改变视觉元素可以帮助我们不去追究过往创伤，仅仅去创造一些可以使行动更积极的画面就可以让行为变得更积极。

接下来的练习，能帮助改变感觉经验元素。这也是一个非常好的，可以即时处理情绪的技巧——**保险箱技术**，这个技术可以被用在很多场景中。

第一种场景是当我们掉入某种情绪体验中时，虽然这时候有自我觉察，但很难抽离出来，该技术可以帮助我们用第三视角看问题。

第二种场景是心理导师在做心理辅导时，如果来访者触发的情绪特别多，没有办法用理性来完成辅导，保险箱技术能帮他从情绪中抽离。

第三种场景是心理导师在心理辅导工作接近尾声时，可以用该技术抚慰来访者的情绪。

保险箱技术的意思是，在安静的状态下，我们想象有一个自己喜欢的保险箱，然后将它储存在我们的潜意识里。等我们产生情绪的时候，就把情绪放在保险箱里，这样既没有压抑情绪，又可以让自己迅速从情绪中抽离，更理性地去做事。待事情处理完毕后，再回来探索和处理情绪问题。

保险箱技术练习

1. 回忆一件让你产生情绪的事件，给情绪打分（0 ~ 10 分）。

2. 感受情绪最明显存在于身体哪个部位，凭感觉对情绪进行评估（颜色、大小、质地、温度、边界等），运用改变经验元素的方法让情绪变成更加舒服的状态。

3. 想象左手边放着一个自己喜欢的保险箱。

4. 将处理过的情绪从身体里分离出来，放进保险箱，并且与之对话："我知道你对我的成长有意义，虽然现在我还不知道你对我意味着什么，等我成长得更好后，我会再来理解你。"

5. 将保险箱锁好（只有自己有钥匙），将保险箱向左前方推远至一个点，远至不影响自己看正前方的视线。

6. 打破状态，测试效果。

实操案例

个案问题：从愤怒中抽离

导师：你现在想象曾经发生的一件让自己产生情绪的事情。

个案：我想到一件让我感到愤怒的事情。

导师：好的，现在你可以闭上眼睛放松一下。闭上眼睛，去感受愤怒的情绪，回忆当时愤怒的自己，不用强迫自己回忆完整的事件。给这种愤怒情绪打分。

个案：10分。

导师：好的，现在去感受一下愤怒在你身体的哪个位置是比较明显的？

个案：胸口。

导师：现在想象你的眼睛可以看向内在，去看胸口处的愤怒，这些愤怒的能量给你带来的身体体验和感觉是什么？

个案：发热，感觉有一团火。

导师：它是什么颜色的？

个案：红色。

导师：是鲜艳的红还是暗淡的红？

个案：鲜艳的红。

导师：嗯，很好，信息越具体，我们就越容易掌握它。这团火的大小怎么样？质地怎么样？温度怎么样？

个案：充斥在胸口，有一些韧性，有点儿烫。

导师：接下来，想象你的潜意识有个神奇的功能，面对这一堆烫手的情绪，你手里有一个神奇的、可以自我调控的遥控器。你按一下按钮，情绪的颜色就会改变，会变成你觉得舒服一些的颜色。你能想象出来吗？有变化吗？（待个案完成这个步骤后发问）

个案：能，有变化，情绪变成了灰色。

导师：很好，你也可以调整它的温度、质地、大小和重量，把它变得更温暖、更柔软、更轻，把颜色继续从灰色变到更浅的颜色，比如白色。再按一下遥控器，情绪可以从你的胸口轻轻地飘出来，它飘到你的眼前，你能完全看清楚它，你可以用自己喜欢的方式呈现它飘出来的过程。

想象在左手边有一个自己喜欢的保险箱。颜色、质地、体积都是你最喜欢的，这个保险箱可以是密码箱，密码只有你自己知道，也可以有锁，而只有你有锁的钥匙。现在想象把保险箱打开，然后你看着胸前这一堆情绪，对它说："我看到了，我知道你对我的人生有意义，你希望能为我的人生服务，能为我所用。虽然现在我还不能理解你的用意，但是我愿意把你放在一个安全的地方。等到我成长得更好、更有力量和智慧的时候，我会再来看你。"

说完这些后，你想象自己用一个喜欢的包装轻轻地把情绪包裹起来，放进保险箱里。然后关上保险箱，继续想象把保险箱向你的左后方推动，一直移到你的左眼余光仅能够看到一个点为止，这个点提醒你还有愤怒情绪需要去处理，在合适的时候，你会去探索它。在推保险箱的过程中，不要让它影响你向正前方看自己的未来，也可以用左眼余光看着那一个点，对它表示感谢，因为这是潜意识在用自己的方式支持你。做完这些以后，慢慢地睁开眼睛，慢慢环顾所处的房间，确定回到当下。现在再想象一下你刚才那个10分的愤怒情绪，现在还有几分？

　　个案：2分。

　　导师：2分，说明它并不会影响你现在的生活。但这也是一个提醒，提醒你去理解这个愤怒情绪，并在合适的时机，找到它对你人生的意义。

　　这就是改变感觉经验元素的练习，其中，我们也运用了视觉元素，比如改变情绪的颜色、大小等，这个过程其实将视觉和感觉结合在了一起。如果我们能够把身体里的情绪和感受视觉化，然后运用保险箱技术在潜意识层面去处理，那么我们就可以从这些情绪和感觉中抽离出来，也更利于我们发现情绪的积极意义。想要改变经验元素，需要我们不断训练，当我们对自己的经验元素有更深的觉察，对自我情绪有更多的体验，我们就更容易去驾驭自己的经验元素。

　　我们对经验元素进行处理，目的是让自己不要固化在视觉、听觉和感觉等感官通道所获取的刻板经验里。刻板经验的松动，代表着我们固化认知模式的松动。而认知模式变得灵活，则意味着我们不再固执地坚守限制性信念。因此松动内在的经验元素，我们的信念、认知、思维也会随之灵活起来。

　　改变内在的经验元素，能够改变自己的思维。如果我们只改变信念，而不去改变经验元素，应激反应不会发生变化。经验元素是源头，它的组成要素是情绪；信念的组成要素是认知，处理信念背后的经验元素，可以绕过复杂的思想斗争，减少自我争辩。

改变经验元素除了可以处理一些旧有的刻板印象，还可以向未来借力，也就是借用未来的图像给自己支持力。下面的练习可以起到这个作用。

借用未来自己的力量练习

1. 想象自己未来的成功景象。

2. 运用三大感觉通道强化未来的成功景象。

3. 身临其境，进入这一成功景象中。

注意，以上两个练习有明显差异。我们在做改变旧有经验元素的练习时是尽可能把画面从彩色变成黑白，从动态变成静态，目的是为了弱化画面；在做借用未来自己力量的练习时，我们想象未来成功景象，要尽可能强化画面，比如把画面想象成彩色的、动态的、清晰的、距离更近的，画面想象得越具体越好。我们想象自己慢慢走进这个画面，听到别人的喝彩和赞扬，看到自己被崇拜、被夸赞，自己的成就体验达到巅峰，这个成功景象会帮助自己更有动力、更有勇气去创造未来的人生。

第十章

冰山图

"冰山"是我们向内探索更深层力量的一个途径。

　　不管我们想更加了解自己，还是更加了解别人，学习掌握三张图都有助于我们达到这个目的。这三张图能反映出一个人的内在逻辑架构，分别是冰山图、理解层次图、心灵空间图。

　　在冰山图中，我们用冰山来比喻自我，冰山的不同部分象征着自我的不同部分，自下往上分别是灵性自我、自我渴望、自我期待、自我感受、自我观点、自我应对方式和自我行为。冰山除了一小部分露出海平面外，其余大部分都隐藏在海平面之下。也就是说，只有象征行为的一部分冰山在海平面之上。这就意味着，我们平日所看到的一个人的表现，只是他的整个自我的一小半部分，我们看不到他的应对方式、自我观点及其以下的所有部分。因此，在了解一个人时，不应该通过其行为就给予判断。如果只是把行为作为判断标准而忽略其隐藏在内的其他部分自我，我们往往会做出错误的、无效的推断。

　　在了解自己和他人时，只有结合冰山图深入理解自我结构的全貌，才能对问题形成正确、有效的认知。每个人都有自己的"冰山"，甚至可以说，我们每个人的每个具体行为都对应着一座完整的"冰山"，这座"冰山"由外显的具体行为，内隐的行为模式、观念、感受、动机等组成。比如说当某人拿起一支笔时，他一定是想借助这支笔来表达想法、感受等。如果我们没有学习冰山理论，我们就无法确切知道个体行为背后的喻义，学习冰山图是我们向内探索的一个途径。

图10-1

第一节 冰山第一层：行为

在自我冰山图中，冰山的第一层是行为，也就是我们外在看到的部分，包含言语、动作、表情等外在表现，我们常说的事实，其实就是冰山第一层的内容。人们常会把事实等同于真相，但这个看法是错误的。事实不是真相，只是故事。也可以说，故事是个体经过自己的信念系统加工而成的事实。在心理咨询中，心理咨询师的工作之一就是，将来访者的故事还原成真相，进而"改编"成一个更有力量的故事，然后"还"给来访者。

前文中我们讲过，一个女孩讲起自己的人生时这么描述：频繁换学校、换朋友，一直都没有家的感觉，她印象最深的事情就是父母每换一所学校就带她到周边饭馆吃饭，并嘱托老板关照她的伙食。这就是女孩给自己人生创作的故事，主旋律是一个有漂泊感的小女孩。这并不是她人生的真相，只是她认知中的事实。

在给来访者提供心理辅导时，需要引导来访者看到自己认同的故事里有多少真相。当来访者能够看到并区分主观陈述中故事和真相的部分时，疗愈也就发生了。

真相是中立的、客观的，比如这个女孩需要频繁换学校、换朋友，但咨询师要看到故事背后的真相，并帮她"改编"出一个更有力量、更有爱的故事，比如父母最关心她的衣食住行，父母无论到哪里都带上她，她从小就可以常去饭馆吃饭。当她能意识到这些时，她的孤独感、漂泊感也就消失不见了。

第二节　冰山第二层：应对方式

在冰山图中，隐藏在冰山下的海平面部分是应对方式。如前文第一章所讲，萨提亚理论将应对方式分成四种：第一种是指责，第二种是超理智，第三种是打岔，第四种是讨好。这四种应对方式也称为应对姿态。

针对同一个事件，不同人所表现出的行为是不同的，这源自每个人所根深蒂固的应对方式不同。应对方式的形成源自我们的原生家庭。在与父母的相处中，我们学习如何去应对各种生活中的难题，慢慢就养成了属于我们独特的应对方式。

第三节　冰山第三层：感受和感受的感受⚬————————

应对方式的下一层次是感受和感受的感受。观点和感受，这两层次并没有严格的上下层区分，它们往往并行存在。感受是事情或经历引发的我们身体的感觉。比如坐在座位上，我感到紧张，这就是感受。在分析个体时，重要的不是去研究他的行为和应对方式，而是要分析他基于问题产生的观点和感受。

在分析感受时，我们还要理解感受的感受，即"我为什么会有这种感受"。感受往往包括喜悦、兴奋、着迷、愤怒、恐惧、忧伤、痛苦等。我们东方文化倡导内隐，人们习惯于压抑自己的情绪，不仅不去分析自己为什么有这样的感受，甚至连去表露自己情绪的勇气都没有。当被问及"你感觉如何"时，人们习惯于回答："还好，还好，没什么的。"这其实是潜意识阻止连接的表现。通过压抑自己的感受，来回避面对内在被看见的需求。

感受分积极感受和消极感受，像快乐、喜悦、高兴，都属于积极感受，而痛苦、恐惧、焦虑等，属于消极感受。如果我们能够实现对积极感受的感受，那么积极感受能给予我们强化，可以支持到我们的行动。如果我们能够实现对消极感受的感受，那我们就可以深入去分析消极感受对我们意味着什么，它与潜意识需求有着怎样的关系。通过进一步分析，我们就可以挖掘到潜意识的深层动机。只有做到这一点，才可以对一个人的观点做出干预和改变。

第四节　冰山第四层：观点

那么，为什么我们每个人会有不同的感受呢？这就涉及应对方式下一层次的内容——观点。观点是个体对某个事件的看法，是个体所认为的这个世界的人、事、物的样子。人与人之间的冲突，实质上是人和人之间观点的冲突，双方各有自己的一套对人、事、物的看法，导致观点不一致。也就是说，行为冲突背后反映了认知体系和观念的差异。所以，一个人暴露出的问题不是问题，他对问题的看法才是真正的问题。如果一个人固执地用不变的观点看问题，那他的生活不会发生变化。当他能用不同的观点看问题时，应对方式就会发生变化，外显行为也就发生了变化。改变，始于观点的松动，下一步的工作才是转化。转化有两层：第一层是转化感受，第二层是转化观点。通过转化，一个人对事情的看法不一样时，他应对问题的行为模式才会不一样。

感受分三个层次：本体感受、表层情绪感受、内层情绪感受。举例来说，在现实生活中，一个女孩被男朋友甩了，她的感受是什么？第一层是难过，这就是本体感受。本体感受最简单，是身体的原始感受，我们只要把它表达出来，这种感受就没有了。本体感受只要被允许表达，就不会带来更多的问题。可是从小到大，我们受到的教育是"不许哭""有泪不轻弹"。当我们不被允许表达本体感受的时候，它们会积压在我们的身体里，成了没有满足或者未被表达的情绪感受。

如果女孩因为失恋的难过感受没有发泄表达出来，她就会产生生气、愤怒的情绪，这种感受就是基于难过这一本体感受所引发的情绪感受。如果这些情绪未被察觉，就会进一步压抑成委屈、痛苦等深层情绪，越深的感受蕴藏着越巨大的力量。在安慰和倾听他人时，不仅要了解对方的本体感受，更要去看到他的表层和内层情绪感受。

本体感受：身体感受

表层情绪感受：愤怒、紧张、恐惧……

内层情绪感受：委屈、悲伤、痛苦……

当我们能够分析出感受和感受的感受，并把这些不同层次的感受一层一层地剥离出来时，个体感受中所蕴含的能量才能为我们所用。此外，我们还要清楚，感受无对错，所有的感受都需要被探索和觉察，而且，所有的感受能量不会消失，只能被转化。

第五节　冰山第五层：期待

那么，在感受和观点下面的是什么呢？期待。心理咨询工作，并不是处理来访者的问题，而是处理他们没有被满足的期待。期待包括三部分：我们对别人的期待、我们对自己的期待和别人对我们的期待。期待形成于想要满足却没有被满足的过程。我们对别人的期待，涉及我们对别人有什么要求，我们希望别人怎么做，我们希望别人怎么看待自己；我们对自己的期待，涉及我们希望自己成为什么样的人，我们希望自己有怎样的外在表现；别人对我们的期待，涉及别人希望我们怎么做，别人希望我们成为什么样子。要注意，别人对我们的期待发生在自我认知层面，也就是我们所认为的别人对自己的期待是什么。

期待属于我们自己，是我们选择了期待，而不是期待选择了我们。所以，我们要为自己的期待负责。那么，我们之所以产生这样的期待，而不是那样的期待，源自我们童年时期期待的形成过程。在童年时期，父母对于我们寄予一些期望和提一些要求，小时候的我们会将这些外在期望和要求慢慢内化为自我期望和自我要求，久而久之，我们就形成了自己的期待模式。

印度有一种职业叫驯象师。驯象师在训练小象时会用很粗的绳子捆住它，因为它会挣扎。但是随着小象长大，驯象师反而不需要很粗的绳子了，因为即使用特别细的绳子或者不用绳子，它也不再挣脱。它从小时候就把驯象师对自己的期望内化了。这就是期待形成的过程。不仅如此，当我们形成期待后，还会把对自我的期待投射给别人，期待别人要像自己一样对待自己。比如，在家庭中，我们会以自己的习惯来要求孩子和伴侣。

期待练习

两个人一组，互相谈一谈自己的 3 ~ 5 个期待。在谈期待的时候，尤其觉察自己的感受是什么？观点是什么？

我们会发现，在谈期待时，我们往往更多谈到别人对我们的期待，而忽略我们对别人的期待。至于我们对自己的期待，常常建立在别人对我们的期待上，我们会基于别人对我们的期待而发展出自我期待：期待自己怎么做去满足对方的期待。也就是说，虽然期待是我们自己选择的，但是我们会过度看重别人对我们的期待。为了不让别人失望，为了从别人的回应中获得认同和价值感，我们会努力去满足别人的期待。但事实上，这种自我强迫会给我们带来压力，一旦满足不了别人的要求，我们就容易产生挫败感。针对别人对我们的期待，我们可以不要一味地去满足，而是可以选择另一种更积极的反应方式——把他的期待还给他，或者让他不再对我们抱有这样的期待。我们要清楚，别人对我们的期待，是他的事情，与我们无关。我们可以选择不去满足，拿回主动权。而且，更重要的是，我们要去深度探索我们对自己的期待，思考"生而为自由的人，我对人生的期待是怎样的"。

在心理咨询中，咨询师其实是对来访者未被满足的期待工作，但是咨询师的疗愈工作并非是帮来访者满足这些期待。咨询师的工作有两层：第一层是让来访者看到自己的期待，第二层是对来访者的期待进行转化，也就是帮助来访者让他从对别人的期待转化为对自己的期待。我们会发现，每当我们表达对别人的期待时，我们表达得越多，就越无力；每当我们表达对自己的期待时，我们表达得越多，就越有力量。比如，把"我期待爱人要学习""我期待孩子有一个好的未来"等期待转化成"我期待自己做一个好妻子""期待自己做一个好妈妈"。当我们把期待转向自己时，我们对自己的人生就由被动转为主动了。

第六节　冰山第六层：渴望

期待的下一层是渴望，渴望是人类共有的心理营养。那么，渴望是什么呢？我们每个人最深层的渴望往往是被爱、被关注、被接纳、被认可、被需要，这是我们所有人的共性。所谓的问题行为背后，都有着未被满足的渴望，比如没有被看见。在很多重男轻女的家庭中，女孩子从小到大都没有感觉到被爱、被看见，她的成长中就会暴露出来很多问题。

所以，从渴望的层面来说，所有的问题都是对爱的呼唤和渴望，所有问题的产生都源自未被满足的期待。从心理咨询角度来说，没有有问题的人，只有没有被满足的人。咨询师的工作就像开采油田，需要不断向深层探索，当到达期待和渴望层面的时候，油就冒出来了，油就是我们的内在力量。所以咨询师不是和问题一起工作，而是为来访者背后的期待和渴望工作。咨询师的工作是发现爱，也就是发现来访者的爱的模式，这种模式也许是通过期待获得爱，也许是通过指责获得爱，也许是通过控制获得爱。对咨询师而言，如果觉得每天处理很多来访者的问题，就会很有压力，但如果能看到问题的本质是爱的渴望，并把每一个问题都看成爱的模式，就会轻松很多。他们要做的就是，让来访者看到并丰富爱的模式。

第七节　冰山第七层：自我

在冰山图中，渴望的下面还有最后一层，那就是自我。自我是什么呢？它就像深深地扎在土壤里的树根，是我们真正的力量。自我，是我们的生命力，是大树深深地扎在土壤中的部分，是我们的生命源泉。如果我们能觉察到行为、应对方式、感受、观点、期待、渴望等所有层次，我们便可以触及那个本来的"我"，那个最富有生命力的状态。

关于自我这个层面，我们有一个假设：每个人都具备所有成功和快乐的资源，只不过有些人的资源还没有被激活。所以在心理咨询中，咨询师的工作是，一面带来访者觉察自己的渴望、期待，一面唤醒来访者的生命力。咨询师不是疗愈者，不是拿手术刀的人，而是唤醒者和支持者。

那么，什么才是一个人真正的力量？**大部人认为真正的力量来自情绪。**比如，很多人习惯于通过发泄愤怒来彰显自己的力量和控制力，但这种情绪的力量并不是深层的力量，它不仅容易消耗，来得快，去得也快，在问题解决面前还会让人产生无力感。**一个人真正的力量是和他的生命使命感连接在一起的。**也就是说，当我们找到了真正的乐趣，并且能够通过行动为这个社会做贡献，我们才能与使命感连接在一起，也才能感受到真正的生命力。

第八节　关于"冰山"的练习

整座"冰山"是我们探索自己的一个架构。我们的每一个行为表现或行为姿态都有层层递进的冰山架构，都反映出特定的感受、观点、期待和渴望。比如，老师在课上敲黑板这个动作，这个动作反映出老师的观点，即老师认为这个动作能使学生集中注意力；这个动作反映出老师的感受，即通过强调引起学生注意后内心很舒畅，很平静；这个动作也涉及老师的期待，即让学生更清晰地知道学习重点；这个动作还有老师的渴望，即希望学生加以重视。一个简单的动作，通过一层一层地分解、剥离，我们可以触及内核。

接下来，我们用一个冲突情境来练习对"冰山"的应用。这个情境是妈妈用手指向孩子，指责孩子不写作业。关于这个情境，妈妈有妈妈的冰山图，孩子有孩子的冰山图。所以，所谓的冲突是双方"冰山"的碰撞。

我们一起来探索一位妈妈的"冰山"。当妈妈对孩子说"怎么还不写作业"的时候，她的冰山图是这样的。

第一层（行为）：用手指向孩子。

第二层（应对方式）：指责。

第三层（感受和感受的感受）：愤怒、无力感，觉得管不住孩子。

第四层（观点）：孩子应该写作业；只有写作业才是好孩子；只有指责孩子，孩子才能改正；只有用这种方式才能表达出自己的情绪，孩子才能重视自己。

第五层（期待）：希望孩子赶紧写作业，好好学习。

第六层（渴望）：得到孩子的认可。

第七层（自我）：想成为能够游刃有余地处理这个问题的妈妈。

这是把那个深层自我变得表层化的过程。

我们再来探索孩子的"冰山"。当妈妈指责孩子的时候，孩子的冰山图是这样的：

第一层（行为）：不写作业。

第二层（应对方式）：一边做作业，一边想着出去玩。

第三层（感受和感受的感受）：委屈、愤怒、被控制。

第四层（观点）：妈妈不应该指责我，我可以玩完再写，妈妈可以好好跟我说。

第五层（期待）：希望出去玩。

第六层（渴望）：被妈妈理解和尊重。

第七层（自我）：成为自由的自己。

　　通过这样一个练习，我们能更好地理解冰山图。通过冰山图，我们会发现，每当我们和他人沟通的时候，我们都不只是跟他的言语打交道。我们看到的都是"冰山"海平面以上的部分，影响沟通走向的则是我们自己和对方"冰山"海平面下的自我。借助冰山图，可以让我们对自己和他人充满觉知。如果我们只关注一个人的行为，我们既难以认识到他真正的内心需要，也难以与对方深入交心，更重要的是，对方压抑的感受、期待、渴望和自我会形成破坏力，对个体和关系都产生不良影响。如果我们能通过行为去跟对方每一层面的自我沟通，不仅会洞察到对方真正的需求，还可以让对方在关系中被完整接纳。在自我认知上，亦然。

　　前文我们提到，减少冲突的关键在于转化。对于不写作业的孩子，妈妈可以试着直接表达自己的观点、感受和对孩子的期待："希望你能更加自觉地完成作业，让妈妈不再操心。"妈妈通过把自己对孩子的操心、担心孩子学习成绩不好、没有养成好的学习习惯、会影响未来的生活等，转化成妈妈期待孩子能够更好地管理好自己的时间，可以让孩子感受到被认同、被信任。孩子也可以表达自己的观点、感受和对妈妈的期待："妈妈，你这样做，我很愤怒，其实我很委屈，我有我自己的规划，我也想让你尊重我，我也开始学习理解你。"孩子通过把对妈妈控制行为的不满转化成对妈妈的理解和自我期待，让妈妈感受到被理解、被爱。如果亲子间能有这样的沟通，两座冰山一定可以融为一体。

第十一章

前提假设

你的思想预设了什么，你就会去努力实现什么。

　　"前提假设"指的是在我们为人处世的过程中对人、对事会有既定的潜意识共识。因为没有两个人的成长经历完全一样，所以没有两个人的认知模式完全一样，任何人对事物的看法也绝不相同。我们与他人交往时，都带着自我期待，希望自己的需要被回应、被看到。我们与他人的交往，其实是在为自己内在的需求服务。对方也存在相同的期望，他也希望别人为他服务，能理解他的想法和感受。

　　我们每个人其实都活在自己的世界里。我们在和他人交往的过程中，带着一系列的需求、沟通的前提和想要达到的目标。也就是说，我们是有预设的，而且我们认为世界上的所有人对人、对事都有预设，这就是前提假设。那么，我们每个人最初与人互动的预设是从哪里来的呢？我们在还是孩子的时候就会对外在有需求，但孩子是"全能自恋"的，只关注自己的需求。这导致成年后的我们倾向于带着单向的"我"的需要、"我"的期待去沟通，而前提假设更趋于成人化，能让我们从孩子的视角转化到更成熟、更客观、更双向、更全面的视角来看待问题。这就意味着，以前提假设为基点，我们既可以顾及自己的需要，又可以站在他人的角度看待问题。

第一节　前提假设的两部分

前提假设分对人的前提假设（看人）和对事的前提假设（看事）。在生活中，我们首先要区分开来，不要在对事的时候对人，更不要在对人的时候对事。如果在该对人的时候把关注点都放在了对事上，就会造成更多问题的出现。举例来说，很多咨询师在进行心理咨询前都会有预设：我会遇到怎样的来访者？我应该怎么帮助他？我应该运用什么技术来解决他的问题？如果带着这样的前提假设去做咨询，就把关注点放在了来访者的表象问题上，难以去深层次觉察来访者的心理需求，无法与来访者进行连接。如果咨询师像这样只看到问题，而看不到人，就容易只去关注来访者的问题所带来的负面能量，而看不到他内在成长的积极能量。

其实，人的能量是恒定的。当我们把能量都用在解决问题上时，我们就无法用足够的能量去挖掘内在潜能。我们用多大的力量来面对问题、解决问题，我们就减少了多大的力量去制造幸福。如果我们有力量创造一个问题，我们就有力量创造一份幸福。所以在待人接物时，我们要去觉察自己带着怎样的前提假设，不要在应该理解他人的时候总是盯着问题，也不要在应该解决问题时忽视对事的前提假设。

对人的前提假设和对事的前提假设，可以帮助我们在人和事之间建立一个边界，使我们能够更清晰地去探索一个人的力量，以及一个人身上发生的事。

前提假设的这两部分之于我们的人生，无异于我们行走的两条腿。 在生活中，我们本可以把前提假设作为行为准则，但是要清楚，世上没有绝对的事情，这些前提假设也并不能适用于任何事情。但是，如果我们认同它们，在和人相处的时候可能更舒服，在做事情的时候可能更灵活，更容易达到目的。如此，我们会多一些通达，少一些偏执。

第二节　前提假设第一部分：看人

前提假设的第一部分，是关于我们对人的态度。

没有两个人是一样的。

沟通的效果取决于对方的回应。

每个人都具备使自己成功快乐的资源。

一个人是不能改变另外一个人的。

每个人都选择给自己最佳利益的行为。

动机和情绪总不会错，只是行为没有效果。

回忆一个让你感到困惑、不舒服、焦虑或不满意的人。心中想着这个人，然后使用以下其中一条前提假设，带着这条前提假设重新去审视这个人，跟之前的感觉就会有所不同。借助前提假设去审视人、事、物，我们的视角会变得不一样。

1.没有两个人是一样的

这是很重要的一条前提假设。在生活中，我们经常发现人们想要"改造"最亲密的人，比如自己的爱人和孩子。他们可能会这样抱怨：他们怎么就是不听我的？怎么总是不按我说的去做？其实，没有两个人是完全一样的，即便是爱人、父母、孩子。

如果懂得这个前提假设，我们就会对别人更加理解，更加宽容。在人际关系中，尤其是在亲子关系中，我们常会把力量耗在互相改变上。每当我们对孩子有期望时，会执着地要求孩子满足自己的要求，但孩子的表现常令我们大失所望。这并不是因为孩子不争气，而是因为他要活成自己独有的样子。如果我们不再执着于改变对方，而是去尊重每个人的独特性，那么人际关系的互动就会带来不一样的能量，整个系统就会变得更丰富多彩。

没有两个人是一样的，这就要求咨询师在咨询中努力放下自己的一些标准。每个人都有自己的独特性，咨询师对每个来访者要永远保持一个新的视角，不是把上一次的咨询经验搬到这一次的咨询中。或许来访者的问题表面上类似，但问题背后的个体需要永远都不一样。这就要求咨询师每一次接触来访者时，都要像第一次见那样去重视他，这也是对心理工作的尊重。

2.沟通的效果取决于对方的回应

谈到沟通的效果，对方的回应在其中起到至关重要的作用。我们往往会抱怨对方不理解自己、不懂自己，导致沟通不顺畅。但这条前提假设提醒我们应该反过来检视一下自己，对方的回应无效果，是否源自我们的表达不够清晰？

为了避免自己表述不清，我们借助一个技巧——核对，这是沟通过程中很重要的一个技巧。在沟通中，无论我们以为自己说得多清楚，对方听到的信息也都是经过他加工的。所以我们如果想确认对方是否理解了自己想表达的意思，就应该每做一次沟通，就紧跟着做一次核对。核对可以确保信息传达的准确性。因此，我们在与人交流中可以尝试阶段性发言，即每说一段话，就停下来关注对方的反应：有没有听明白？还想继续听吗？这会使我们在和他人沟通时减少很多无用功。很多人只在乎对方的回应，却不注意信息的传达。他们设想的是：我不说，你应该猜到我在想什么。这是孩子的沟通方式，也是幼稚的沟通方式。成熟的沟通方式是：我要主动和你沟通，沟通的效果取决于你是否能听懂我想表达的意思。

所以这个前提假设告诉我们：沟通无对错，只有有无效果。沟通的意义不在于你讲得多少、多好、多对，而在于对方在多大程度上准确接收了你传达的信息。心理咨询中也常出现这样的现象：一开始是来访者讲一大堆故事，然后是咨询师讲一大堆道理，结果是两个人都在各自的世界里，并没有达成有效的沟通。其实，咨询师在听来访者讲故事的时候应该学会叫停，并去和来访者核对：你说的是这个意思吗？你想表达的意思是什么？通过这种方式，咨询师就能确定自己的沟通有没有效果，也能迅速确认来访者最真实的想法。

3.每个人都具备使自己成功快乐的资源

我们每个人遇到的每件事，都有积极意义和消极意义，你怎样看待它，决定了它对你的意义。很多人觉得不快乐，因为父母会对自己有各种期望和要求，还会来干预自己的生活。父母的做法之所以让我们不快乐，是因为我们消极地看待了这件事。我们本身已经具备使自己成功快乐的资源，只要转变自己的信念，换个角度来看待它，情绪就会随之改变。

同时，人人平等，我们获取快乐的资源并不比别人更多，我们也不要试图变成拯救者。很多时候，我们自以为别人没有能力成功，所以会不自觉地变成别人的拯救者。这样的后果是，对方很容易"配合"我们去充当受害者。他们把自己人生的主动权交给别人，认为自己成功快乐与否，取决于别人为自己做了什么。当然，这种思维模式的习得可能是源于童年时期，他们从小没有得到过支持，也不清楚自己本就拥有成功快乐的资源。这条前提假设可以使我们有意识地去觉察自己的角色，如果自己是受害者角色，就努力转化成一个责任者。

而且，成功和快乐事实上是没有衡量标准的，就像人生没有最好，只有更好。即使我们现阶段觉得自己很成功、很快乐，等到我们成长到另一阶段时，也会发现曾经的成功和快乐已经不再能满足自己了，我们又会继续寻找新的挑战和突破。但是，只要我们深谙自己有足够的资源和能力去获取成功和快乐，只要我们清楚我们本身就具备这些资源和能力，我们就可以创造自己想要的成功和快乐，而不是假手于人。不管在任何时候，我们都不要把现阶段的不满指向外在环境，而是要放在创造上。也就是说，我们有足够的资源和能力创造一个自己想要的生存环境或状态。

4.一个人是不能改变另外一个人的

一个人只能改变自己，不能改变他人。我们能改变的，只能是我们自己。如果一个人总想着改变别人，悲剧就开始了。很多人把改变别人作为自己人生的目标，如果不去改变别人，自己就无事可做。他们会把改造他人变成终身的事业，觉得这是一件很有使命感的事情，否则自己的人生就没有意义。但是，一个人不能改变另外一个人。这条前提假设能让我们学会，把改造他人的力量和焦点放回自己身上，让自己成长得更好。我们要做对得起自己的人，而不是做改造别人的人。

5.每个人都选择给自己最佳利益的行为

我们在做选择的时候往往会纠结，权衡利弊。对于别人的选择，我们也常常很难理解。这种不理解主要是源于我们从自己的角度看待问题，而没有从对方的角度出发。当对方做出决定时，我们会不自觉地产生反对意见及负面情绪。这一条前提假设让我们了解到，每个人其实都是在给自己选择最佳利益的行为，别人这么做而非那么做，一定有他的某种动机。我们要尊重他人的选择，同时看到他人的选择背后的内在动机和需求。

很多人之所以会纠结于选择，是因为他们一直没有找到对自己最有利的选择。这时候可以问一下自己：我的选择是为了别人更好，还是为我自己？如果是为了别人更好而做选择，我们就会在"牺牲自己"和"成全自己"之间产生纠结，这两种选择是有利益冲突的。现实生活中，很多"老好人"常常就是纠结的人，他们认为自己必须要牺牲自己利益为别人而活，却又会因为自己的需求被压抑而痛苦。但是当他们的选择只考虑到自己的利益，没有顾及他人利益的时候，也会异常痛苦。

另外，纠结于选择的人往往把自己放在拯救者位置上，他们认为自己有能力拯救别人，却没有看到每个人都有能力选择给自己最佳利益的行为。这就像很多孩子会试图拯救父母的婚姻，却忽略了父母离婚正是他们为自己的人生做出的最佳选择。如果孩子拯救父母的婚姻失败，在他们眼里，破碎的不只是父母的婚姻，还有自己的能力。而且，孩子看似为了挽救父母的婚姻而做出的一切行为，其实还是选择了给自己最佳利益的行为，他们真实的目的是想拯救自己，因为自己想要一个完整的家。

所以，即便是纠结的行为也适用这一前提假设，因为很多人在牺牲自己的同时，背后仍旧有一个需求：我以为我这样做，就能够给我的人生带来最好、最舒服、最有爱的状态。也就是说，他们在纠结，做出牺牲的同时也在选择一个最佳利益的行为。

如果我们的行为既能给自己带来最佳利益，又能满足对方的需要，就可以实现双赢的局面。当然，如果我们因此能对周围的环境，乃至对整个社会产生正面的影响，这就是三赢的状态。三赢是我们为人处世的终极目的。即便做不到三赢，我们在选择自己最佳利益的行为的同时也要避免给他人带来伤害。

一个人不能改变另外一个人，但一个人可以通过让自己变得更好来对他人产生正面影响。当我们变得更好时，我们就能够给身边人做一个榜样，身边人也会因此被影响。当他们看到我们的积极状态，产生改变欲望时，也就真正实现了双赢。这并不是在刻意改变一个人，而是对方因为我们的行为而主动想改变。这时候，即使对方不会因为我们而改变，我们也不会难过，甚至失去快乐，这才是真正对自己的人生负责。

无论何时，我们都应该先活好自己，而不是把手伸向别人。只有这样，我们的人生才会更有意义。我们唯一能改变的，唯一可以配合自己的，只有自己。我们每个人都活在自己的人生里，没有人会为了配合我们的人生而活着。这就是生命的真相，成年人的世界就是这样。

即使我们每个人都具备使自己成功快乐的资源，我们仍然会在某个阶段很痛苦，对现实感到不满，在即将跨出改变的门槛时，总会找各种借口。但即便如此，我们依然会选择给自己最佳利益的行为。所谓最佳利益，就是我们会本能地在某一刻做出我们认为对自己最有利的选择。有时候，我们常常会以为别人好的名义来代替别人做选择，其实就是希望对方能够允许我们为其人生做主。可是，没有两个人是一样的，没有一个人能改变另外一个人。

有些孩子不喜欢上学，这种选择当然不是对他人生最佳利益的选择，可是以他作为一个孩子的认知层面，他认为待在家里是给自己做了最佳利益的选择。作为成年人，我们需要思考的是如何让一个孩子认识到，不上学其实并不能给他带来最佳利益。如果孩子认为让自己处在一个封闭的状态里是最佳利益的选择，那么我们就需要思考，这个孩子在走出自己的房间与人的相处过程中，受到了什么样的伤害？每一个行为背后都有非常深刻的、值得被理解的需求，是我们探索和理解别人的窗口。当我们从这样的角度去看问题、看人时，我们的看法就会和原来不同。

6.动机和情绪总不会错，只是行为没有效果

在理解这一前提假设时，可以结合上一章阐述的冰山理论。高出海平面的冰山部分是行为，行为的背后是期待和渴望，比如期望得到爱，期望满足、期望成长，我们称这些为动机和情绪。潜意识从来不会伤害自己，动机和情绪都没有错，只是我们误以为某种行为能满足动机和情绪。行为没有效果，便表明该行为无法满足动机和情绪的需要。

如果能理解这一点，我们在评价别人时就不会非黑即白。比如一个孩子常偷东西，父母送他来做咨询。以普通人的思维来看，偷东西的孩子是坏孩子；如果我们能看到他的动机和情绪，会发现他并没有什么错，只是偷东西这个行为没有效果而已。我们需要做的是，分析其行为背后的动机：这个偷东西的孩子发生了什么事？为什么会偷东西？可能的原因会有哪些？他是想通过这一行为来吸引关注，还是表达不满？通过分析，我们可以发现他偷东西的原因，接受他的动机，并引导他改变自己满足动机的行为。

他的行为表达有问题，但这并不能说明他整个人都有问题，我们需要看见他行为背后没有问题的动机和情绪，询问他："你真正想要的是什么？在生活中有什么让你感到不舒服的地方？你其实想为自己做一些安排，对吗？"总之，我们越深入地理解他，就越能正确理解他的内在动机，也越能有效地帮助他。

在生活中，他的行为得不到理解。如果我们表达出理解，比如理解他偷东西的行为，他就会感到被认同。当然，我们理解的不是他的偷窃行为，而是行为背后的动机和需要、情绪和情感体验。他来做咨询的目

的就是希望咨询师比普通人更能理解他，更能认同他。只有他在咨询师这里感受到了理解和被接纳，他才可以尝试不一样的行为策略。比如，如果他希望被爱、被关注，那除了偷东西这个行为以外，我们可以帮他策划其他更有效的行为。

每个人都活在自己的世界里，有着自己独特的动机和情绪，如果我们用这种前提假设去看身边的人，就会对他们多一些理解和包容。我们就不会因为对方的一个行为而触发一系列负面情绪。如果我们能基于对方的行为，去探索他的深层次动机和情绪，我们会更从容、更有力量、更有包容性和理解力。

当我们了解以上这些对人的前提假设后，在与人相处时就会有不一样的感触，特别是当我们把这些前提假设内化到我们的潜意识内，每当和人互动的时候，这些前提假设就会发挥作用，那么我们的人际关系互动方式就会更有效果。

第三节 前提假设第二部分：看事

前提假设的第二部分，是关于我们对事的态度。

重复旧的做法，只会得到旧的结果。

凡事必有至少三个解决方法。

在任何一个系统里，最灵活的部分最能影响大局。

我们只是活在由自己的感官所塑造出来的主观世界。

没有挫败，只有回应讯息。

有效用比只强调道理更重要。

每条前提假设都能带给我们不同的觉知，如果我们将它们应用于实际生活，我们的行为方式会变得更灵活，更具弹性。我们很多人在从小到大的成长经历中，并没有形成一套有价值的人生观，这导致我们很多人的人生观往往都是散乱的、不成系统的。前提假设则包含简单有效的处事法则。它既不是建立在社会伦理道德的基础上，也不是建立在一些法律和规条上，而是建立在人性基础上，是能让我们更好地与这个世界相处。

回忆一件让你感到困惑、不舒服、焦虑或者不满意的事情。心中想着这件事，然后使用其中一条前提假设，带着这条前提假设重新去审视这件事，是不是跟之前的感觉有所不同？

1.重复旧的做法，只会得到旧的结果

很多时候，我们虽然觉得每天的生活在循环往复，却依然不会做出改变。这是人性的弱点，做一件事情没有效果，就会更努力地用同样的方法继续重复。我们以为只要再努力一点就会看到效果，却没有想过其实换种方法更能带来立竿见影的效果。重复旧的做法，只会得到旧的结果，它警醒我们在做事时要敢于尝试新的、更具创意的策略。

很多人之所以需要心理咨询师的帮助，就在于策略太单一，用一成不变的策略来应对复杂万变的世界。咨询师要做的就是教会他们更具创意地应用灵活的策略来生活。咨询师帮来访者最终达成的状态是：来访者有了一些新的策略，这些策略与以往的行为习惯和心智模式都不同。他会采取一些新行动，而不再重复旧行为，自己的人生也不一样了。

2.凡事必有至少三个解决方法

重复旧的做法，只会得到旧的结果。那么，要怎么做才能得到更好的结果呢？答案就是：凡事必有至少三个解决办法。这就是幸福心理学的一个比较精髓的观点，它的关键词是灵活。幸福心理学的两大核心就是三赢（我好、你好、世界好）和灵活，也就是以三赢为目标，以灵活的策略来行动。

我好、你好、世界好，这个次序是不能变的。我们一定要先照顾好自己，才有力量去照顾他人和世界。如果只会牺牲自己，就没有力量让别人好、让世界好。如果我们能以三赢为前提，灵活地去寻找问题的解决方法，我们做任何事的效率都会很高，也更容易趋向成功。但是，照

顾不好自己的人往往比较固执，当陷入困境时，认为除了既定方法，别无选择。因而在困境面前更易绝望。对事情坚信有两种解决方法的人则容易陷入非此即彼的困境，让自己进退两难。坚信有三种及以上解决方法的人，才能在遇到困境时敢于反复尝试。

3.在任何一个系统里，最灵活的部分最能影响大局

系统中最灵活的部分，往往最能影响大局。当然，这种灵活性的影响也有正负之分。比如当导师在循规蹈矩地讲课时，一个学员突然表现出怪异、反常的举动，这时候大家的注意力就都被他吸引了，整个课程可能都无法进行。这名学员也是系统最灵活的部分，也最能影响大局，但起到的就是负面的影响。

灵活非常重要，系统的灵活性是指可能性更多、行动力更强。关系中最灵活的那个人会影响整个关系系统的氛围，他能够主动创造自己想要的状态，包括家庭的状态、亲密关系的状态、工作团队的状态等。在一个家庭中，孩子是最灵活的部分。与只有一对夫妻的家庭系统相比，有孩子的家庭系统会有更多的变化。所以如果我们能够运用好孩子这一灵活的部分，那么所有的家庭成员都会共同提升，孩子也会变成一个正向积极的影响因素。可是如果父母只是看到孩子的问题和他带来的麻烦，对孩子有很多的否定，那整个家庭也会因为孩子的到来而陷入困境。所以，我们要学会驾驭系统里灵活的部分，主动把控事情发展的走向。

最灵活的人也是最有能力的人，他不会僵化地秉持自己的信念和

信条，而能够观察环境，并基于环境的需要来让自己接受、适应。**本质上来说，其实万事万物都可以以"我"为源头去创造，"我"应该是系统里最灵活的部分**。因此，如果对方是我们关系中更灵活的那个，我们也要去思考一下："我"已经变成更被动的那一个，这背后的动机和情绪是什么？我们会发现自己可能是为了避免冲突或显得更沉稳。以避免冲突为例，这可能是因为我们还没有学会用更有效的策略来保护这段关系，也没有更强的力量来转化这种关系。因此，我们要学习更好的关系经营策略，一旦我们有了这样的能力，就可以更好地缓和关系，变成系统中更灵活、更主动的一方。

4.我们只是活在由自己的感官所塑造出来的主观世界

每个人都有一系列经验元素和信念，这是我们从小到大所积累下的看世界的经验。世界的信息都是我们每个人的感觉器官主观选择摄入、捕捉，进而经由每个人的信念系统赋予意义，形成对个体而言有主观价值的经验。因此，我们每个人都活在由自己的感官所塑造出来的世界里。比如，一对夫妻同时来做咨询，咨询师分别听双方谈话，会感觉夫妻二人讲的不是同一个家庭，他们描绘出来的家庭是完全不同的。虽然是面对同样一件事情，两个人的认知完全不同。所以，这个世界没有绝对真实的事情，每个人都有他自己的世界。认识到这一前提假设，我们就可以学着去拓宽自己的主观世界，并主动从自己的世界里走出来，去进入他人的世界了解他人。

在心理咨询中，咨询师也要帮助来访者从自己的主观世界中走出来。

很多女性来访者都是受害者角色，她们会诉说自己为家庭的付出，抱怨伴侣无法为自己分忧等。这个时候，咨询师想和来访者讲道理很难，因为这就是她的世界观。咨询师可以尝试让她换位思考：如果你是一位男士，你娶了刚才所描述的这位女士，你的感觉怎么样？通过引导来访者站在他人的角度来看问题，来访者就会产生反思，她就可以跳出由自己的感官经验塑造出来的世界，而进入了他人的世界。

5.没有挫败，只有回应讯息

"挫败"是把焦点放在了已发生过的事情上，这是失败思维；想要成长，应该在让自己从产生挫败感的事情上吸取教训，找出改变和成功的方法，"回应讯息"就是成功思维，教我们把焦点放于未来。如果陷入失败里，我们就会产生受挫感，如同我们给自己的人生画了句号。事实上，我们可以为这件事情画个逗号，但我们都是终身成长型生物，任何事情的成功或失败是不能给我们的未来画上句号的。成功和失败都是世界在回应讯息，回应我们的做法是否有效，给我们继续此种行为方式或变换行为方式的讯息。

对我们来说，看待事物应该每次都以自己的成长为核心。如果用这样的思维，我们就会感恩事件的发生，感恩事件的结果，因为这些都可以支持我们成长，让我们汲取营养。**所以在做事情之前，我们要思考自己是以"我要成长"为基准，还是以"我要成功"为基准。**这两种基准对个人的成长意义是不一样的，如果以"我要成功"为基准，我们就会掉入失败思维中，一旦失败，就容易一蹶不振。我们要从人生字典中把失败两个字删除，换成成长的讯息。因为我们的字典里本就没有"失败"这个词，"失败"和"成功"只是我们人为制造出来的标签而已。

6.有效用比只强调道理更重要

在与人沟通时，我们很喜欢跟对方讲道理，也会用自己的标准去要求对方，但结果往往不尽人意。我们应该关注的是沟通的目标，也就是沟通的效果。有效果比有道理更重要，我们要把注意力放在沟通目标的达成上，而实现目标的途径不是只有讲道理这一条路径。凡事必有三种以上的解决办法，所以除了讲道理，我们可以掌握更多能产生效果的方法。

世界上没有完全相同的两个人，也没有两个人的信念、信条、价值观是完全相同的。用自己认为是真理的道理去说服别人，只会引起两种价值观的冲突和对立。对方不仅容易产生反对意见，甚至还会因为我们的顽固不化而疏远我们。而且，道理是基于个体过往的生活经验所认同的观点，对他人来说，并不一定是真理。沟通不是为了证明自己对或错，而是表达感受，提出诉求，满足诉求。讲道理只是满足诉求的一个手段，如果不奏效，要果断放弃。

有些咨询师在咨询时也喜欢讲道理，这样，很多青春期孩子咨询一次后就不会再来第二次了。他们会想，在家里被父母教育，在学校被老师教育，真的不想再听咨询师长篇大论了。给青春期孩子做咨询时，咨询师要使用一些更有趣的策略，比如做游戏、讲故事，这种方式会比讲道理更有效。

　　有效用比只强调道理更重要，这条前提假设也让我们意识到接纳的重要性。一个人只有在被接纳、被允许的情况下，才会表现出更少的负面情绪，才会更好地沟通。这就要求我们要跳出讲道理的模式，首先去接纳对方。也就是说，我们更关注的是如何达成共识，而不是如何把话说得漂亮。我们应把注意力放在做得到上，而不是说得好上。在沟通中，说得漂亮并不是重点，重点是能够放下自我的观点，与对方共同参与到当下要解决的问题中去。在生活中，有些男人不太懂女人的心理，在女人生气的时候，他们首先想的是讲道理，就事论事，其实应该做的是站在对方的角度，接纳对方的情绪，去了解并认可对方的感受，这样沟通的效果会好很多。

　　这让我想到一个故事：螃蟹妈妈正在教螃蟹宝宝学习走路，它要求宝宝一定要像其他动物那样直着走。然而，螃蟹宝宝学了很久都学不会，它就跟妈妈说："你为我示范一下吧。"螃蟹妈妈一口答应下来，很努力地为宝宝展示了一下，结果宝宝说："你也是横着走的。"可见，有些时候我们话说得很漂亮，可是自己并不见得能做到。道理是过往的经验，而我们要面对的是未来的人生。有效地顺应自己的人生需求，而不是借用别人的经验，照搬别人说的道理。

　　以上12条前提假设，我把它分成了两部分，一部分是针对人的前提假设，另一部分是针对事的前提假设。事实上，它们并没有那么严格的区分，这只是为了方便我们去理解它。有时候，在针对某一件事情或某个人时，我们的头脑中可能会应用多条前提假设来处理。只要我们基于前提假设去看待人和事，我们就能变得更灵活，更能制定出更有效的行动策略。

我们会从环境、行为、能力、信念与价值观、

身份、精神这六大层次来理解自己和这个世

界以及与这个世界的关系。

理解层次

第十二章

图12-1

理解层次最初由格雷戈里·贝特森发展、罗伯特·迪尔茨整理而成的。理解层次是我们大脑处理事情的逻辑。

我们会从环境、行为、能力、信念与价值观、身份、精神（系统）这六大层次来理解自己、理解他人。环境、行为、能力称为低三层，是我们可以意识到的层次；信念与价值观、身份、精神（系统）称为高三层，需要经过细心分析才能被发现。这六个层次是同时存在的，通过贯通运用，我们能站在更高的角度思考问题、解决问题，更深入地理解自己、经营关系。

当我们刚认识一个人时，会用眼睛看对方在做什么，用耳朵听对方在说什么。也就是说，我们会通过外部感官去认识对方，这两种理解层次就是环境和行为，也是最表层的层次。随后，我们会推测对方为什么会有这样的言行，这就涉及更深层的理解层次了。总之，最表层的环境和行为会让我们识别一个人，而更深层的其他四个层次（指挥中心）能让我们去理解一个人。

也就是说，如果我们想真正地了解一个人，就要探索到底是什么样的深层原因引发他的外部行为表现。这就好比我们在电脑桌面上看到的程序，都有着安装、驱动这些程序的系统，这才是我们需要逐步深入了解的。如果我们只是针对一个人的外部行为解决个体所暴露的问题，往往只能"治标不治本"。比如，我们一回到家，最常问孩子的问题就是：有没有做作业？有没有按时睡觉？这些问题都针对的是孩子的行为层面。可是如果我们想要去了解孩子为什么不喜欢做作业，为什么不按时睡觉，就需要了解更深层次的原因。

在我们学习了理解层次理论后，就可以通过行为看问题本质，在与人相处时，也可以更深入去理解差异，找到共识之道。运用理解层次，也可以帮助我们更好地认识自己。比如今天不想起床，我们可以去分析自己的内在动机，也许想多睡会儿，也许不想面对起床后的工作任务。我们明明知道自己应该起床，应该看书学习，但就是不想做，这提醒我们应该进一步思考自己的深层动机——为什么不想看书学习？在做一件事时，如果这六个层次能连贯一致，我们就可以身心一致、全力以赴地实现目标。如果运用不顺或动力不足，则反映出六大层次的不协调。这时候，我们要从表层入手，然后了解更深层的信息，再去改变外部行为。

第一节 理解层次的逻辑：高级的理解层次管理低级的理解层次

理解层次由表及里分别是环境、行为、能力、信念与价值观、身份、精神。环境指的是个体以外的外界条件，即"何时，何地"；行为指的是个体做了什么；能力指的是个体的行为技巧，即"怎么做"；信念与价值指的是个体的态度，即"为什么这么做"；身份指的是个体的自我定位和自我认知，即"我是谁"；精神指的是个体对自己与外部世界的关系认知，涉及生命归属感。

这六个理解层次，总体来说，是上一层次管理着下一层次。如果你是一个做事高效、有规则的人，就会相应地创造出一个高效、有规则的环境，过着高效、有规律的生活。所以，环境是由行为创造出来的，个体的外部形象是行为塑造的结果。那么，为什么有些人会有这种行为，而其他人没有呢？比如把家整理得很干净，这不是人人都能做到的。这就涉及行为以上的理解层次能力，也就是说，有些人之所以有打扫卫生的行为，一定就具备相应的能力，比如行动能力、审美能力、收纳能力等。

即使是同样具有审美能力，有些人可能会用在形象设计上，有些人可能用在服装设计上，有些人可能用在花艺设计上，还有些人只是用在了自己的家庭装修中。那么指导我们将这种审美能力用于不同领域的理解层次就是信念和价值观，也就是我们认为世界应该是什么样子的，我们更在乎什么。把审美能力、行动能力用在房屋整理上的人会认为家庭环境应该是整洁、温馨的，家庭环境很重要，这种应该与不应该、重要与不重要的态度反映出的是信念和价值观。

那么，我们对自己的定位是什么呢？是家庭主妇还是事业女强人？决定自我定位的是更深一层的理解层次就是身份。如果我们对自己的定位是女强人，那么在做家务的时候，可能就会有大材小用的憋屈感，也不会享受做家务的过程，这就是身份认同对一个人的影响。在人生或关系里的无效，往往都是身份定位的无效。只要对身份有清晰的自我定位，我们会发现为人处世都会变得容易很多。所以，我们每个人都需要完成的自我议题，要明确：我是谁？我将如何实现生命的意义？我想拥有一个怎样的人生？通过确定清晰的身份定位，我们才可以完成这个议题，也才能在不同的关系中扮演好自己的角色。如果我们缺乏对自己的定位，就容易听从别人，也就是别人让我们做谁，我们就得做谁。缺乏定位还会导致我们在生活里的每一个角色都做不好，做什么事情都会很累。

有了清晰的身份定位，还要有明确的角色定位和角色认知，比如一个女性在亲子关系中是妈妈的角色，但不能在各种关系中都像妈妈一样行事。在亲密关系中，如果她固守在做妈妈的角色里面，可能就无法享受亲密关系。因为做"另一半的妈妈"这样的角色定位，很容易让她有一种大女人的状态，最终因为过度付出而心生不满。而且，也很容易把另一半培养成"孩子"。

一旦把对方定位成孩子的角色，对方也就会相应地产生一系列孩子式的信念和价值观。当对方再面对她的时候，就会理所当然地认为：妻子就应该做家务，就应该照顾这个家庭。他不会想着替妻子分担，因为他在潜意识中将自己定位为孩子，他更在乎的是孩子才会在乎的东西，比如玩乐、自由，而不是像一个丈夫一样去承担责任、去养家。

所以，我们每个人在关系中的理解层次会促使对方用相应的理解层次来回应，对方进而表现出一系列与我们的身份定位相呼应的行为。比如他明明有能力为伴侣分担家务，支持和呵护伴侣，但因为他对自己的身份定位是孩子，所以就不会将能力应用在这些方面，而是用到其他地方，并产生出一系列环境层次所需的行为，因为低层次的行为就是由高层次的信念来指导的。

第二节　理解层次的视角：学会用高级理解层次管理低级理解层次。

　　每个人的人生之所以会有不同，在于待人接物的理解层次不同，理解层次的不同造就了不同的人生。如果能让自己活在更高级别的理解层次上，不仅看问题的角度更宽广、更透彻，还能达到事半功倍的效果。想想我们小时候是不是都有过被父母唠叨的经历，父母的唠叨为什么多半时候没有效果呢？因为他们只盯着行为层次，并没有触及孩子更高级别的理解层次。也许他们唠叨了很多，也费了很多力气，都不如直击重点说一句："孩子，妈妈希望你成为一个这样的人。"所以学好并运用好理解层次，我们的人生会变得简单很多。比如身为父母，我们只要对孩子指出更高层次的期待，具体由孩子去执行就可以了。

　　一个人的身份定位决定了他有怎样的信念和价值观，以及基于环境表现出怎样的行为。如果一个女人在亲密关系中将自己定位为妈妈，那么她的潜意识会将丈夫看作孩子，深层次的含义是："我需要照顾你，你没有能力独立。"基于这样的潜意识诉求，丈夫会被暗示，也会像孩子一样来思考、行动。所以亲密关系中，错误的自我定位会导致错误的伴侣定位，造成两个人的身份缺失或错误。如果一个女人觉得丈夫不具担当的魄力，与其对其冷言冷语，倒不如反思自己的身份定位，去思考"妻子"这一角色的精准诠释是怎样的。如果女人能够承担好"妻子"这一身份，也会吸引男人承担起"丈夫"这一身份。妻子的示弱和依赖行为，会给予丈夫这样的深层次暗示："我需要依靠你，你是家里最有力量的人。"丈夫也会因此变得更有担当，更有勇气，更有力量。这就是亲密关系中双方身份的有效转化。在亲密关系这个系统里，一方改变，双方就会改变。一方主动改变自己的身份定位，那另一方也会随之主动去转化。

在亲子关系中，这一点同样有效。有一些孩子的学习成绩不好，他们或许将自己的身份定位为差生，他们所理解的自己与学习之间的关系是"我是为学习服务的，我不是为自己学习，我是为父母学的，我就是父母的工具"。因此，一味地指责、批评、激将，他们也难以提高学习热情，我们应该想办法调整孩子的身份定位。我们要让孩子知道他是谁，要让他从"我是父母的孩子，我是父母有面子的工具"转化为"我是我自己，我为自己学习，我为自己的人生服务，和父母无关"。通过这样的身份转化，孩子才能把学习看作自己的事，也才有动力去主动学习。

孩子不是父母的工具，也不是父母的附属品。孩子一定得成为他自己，这样他才能主动创造自己的人生。 所以，父母在养育孩子时，首先要调整孩子对自己的身份定位，让孩子清楚自己才是自己人生的主人。其次，调整孩子对自己身份发展的定位，也就是引导孩子思考在未来的人生中自己要成为一个怎样的人。

在孩子4～5岁的时候，我们就可以开始帮他树立身份层面的自我认知：我是一个怎样的男孩（女孩）？在我们和孩子的相处过程中，我们大部分的精力都要用在让他知道自己是谁，知道自己才是一个怎样的孩子上，而不是引导他去学习如何成为父母期望的孩子。只要孩子能确立清晰的自我定位，他就会用大部分的精力创造自己的人生，就不会用大部分的精力来对抗父母。

不仅孩子需要成长，父母也需要成长。连自己的身份定位都搞不清楚的父母，很难成为智慧的父母，更难以给孩子正确的身份引导。而且，如果父母自身的身份定位不清，在养育中会无意识地让孩子形成与自己定位相匹配的错误身份。比如在心灵空间里，父母成了孩子的角色，这会导致孩子成为"承担者"的角色，去承担不属于孩子的压力和负担，为了父母而活。所以，要想养育健康、自由的孩子，父母首先要有充分的自我认知，让自己成为身份定位准确而清晰的成人，从孩子的生命之初就给他播种下自由的种子，让其生命如是，自在生长。

但是，遗憾的是，很多父母缺乏自我认知的能力。他们之所以会不自觉地去要求孩子按自己的意愿来，是因为他们小的时候就是被这样对待的。他们在自我身份层面没有得到的支持会不自觉地放在孩子身上，把自己有缺憾和渴望的部分投射在孩子身上。父母无法给予孩子自己认知之外的教育。因此，父母要学习去增加自我认知。父母学习开始为自己的人生负责，这样孩子才更自由、更洒脱。而且，成长后的父母会更接纳孩子，有更多心理能量来支持孩子。

对于父母而言，阻碍他们学习的一大障碍就是自卑感。面对一个问题横生的孩子，父母往往都不愿意承认是自身的问题。让他们承认这个事实，即自己的养育方式导致了孩子的问题，对他们来说是太痛苦了。直面这个事实，对他们而言意味着两大否定——自己从小大到形成的信念及价值观是不对的；自己养育孩子的方式是不对的。这说明他在摧毁自己人生的同时，也摧毁着自己孩子的人生。这个真相太痛苦了，导致很多父母难以接受。所以，在做家庭咨询时，咨询师常常需要寻找入口，找到最有意愿去改变的那个成员，他可以是父母一方，也可以是孩子。而且很多时候，孩子是最灵活、最有意愿改变的那个。如果孩子能够通过学习，把自己拉回正确的人生轨道上，这对于父母而言也是一种激励，父母也会慢慢做出改变。

第三节　自我成长的本质：活出核心身份，挣脱角色束缚 ○———

我们可以时常问问自己："我给自己的定位是什么？"可能是父母、爱人、孩子，也可能是同事、朋友、兄弟、姐妹、老师、心理咨询师等。这些答案是角色，不是身份。角色和身份并不是一回事，角色是身份的体现和转化。角色就如同身份不同的面向，我们在不同的系统和关系中有各种不同的角色。但是，这些角色其实并不是我们的核心身份，核心身份是我与自我的关系。

如果我们没有活出最核心的身份，我们往往就会掉在这些具体的角色里面，比如"我是妈妈"，就会只是努力诠释具体一个角色，而不再去寻找和确定自己是一个什么样的人，自己的核心身份是什么。那么，我们为什么会过度认同这个角色，而不是另一个呢？因为我们只有这个角色"演"得好，只有这个角色得到了肯定，得到了认同。比如一个人的企业做得很成功，是攻无不克，战无不胜的领导，那么他就会把最拿手的领导技巧用到生活的任何地方。可是，当回到家面对妻儿时，这个角色是无效的。因为孩子不会爱一个"领导"，爱人也不会爱一个"领导"。

对核心身份认知不清的人，除了容易过度诠释单一角色外，还会被其他被压抑的角色所累，并产生负面情绪。比如很多成年人会有内在受伤的孩子、委屈的孩子、恐惧的孩子、没有安全感的孩子。成年人都有保护自己的力量，当一个成年人觉得自己没有安全感的时候，他们的核心身份可能固着在小时候，固着在"恐惧的孩子"或"被抛弃的孩子"

这样的身份上。如果一个成年人有这样的"核心身份"，那么在亲密关系中，他们就会有被抛弃的恐惧；在友情面前，他们就会担心自己被孤立；作为员工，他们就会担心被公司抛弃，担心别人不认可自己的工作表现。也就是说，童年的创伤会将个体固着在负面的核心身份上。如果一个人的核心身份是受伤的内在孩子，那么成年后的他在生活中就会退行，表现出孩子的行为。

一个人的状态和他的核心身份紧密相关，也就是说，一个人把自己定位成什么样的人，就会活出什么样的人生。如果一个人把自己定位为乐观的人，那么他的每个角色都会呈现出积极向上的能量，他会是快乐的爱人、快乐的家长、快乐的员工。核心身份的能量，决定了一个人在各种社会角色中的状态。因此，我们要不断完善自己的身份定义，只有有了足够清晰的身份定位，我们才能在不同的关系层面自如地转换各种角色。由此我们也可以看出，角色并不是一个人的核心身份，只是身份的外部呈现。一个人的核心身份反映出了他的自我认知及人格魅力。

人格魅力是什么？有些人是有吸引力的、坚强的、开心的、幽默的、善良的、有感染力的，有些人却是情绪化的、孤独的、孤僻的、愤怒的。一个人的人格是在先天遗传因素及后天环境的交互作用下形成的，既有遗传的成分，又有后天人为干预的成分。从一个孩子的人格状态中，我们基本上可以推测出他的父母的人格状态。独立、健全的人格是个体能否确立核心身份的前提，如果一个人没有稳定的、完整的人格，没有固定的"我"的样子，也就无从谈起对"我"的认知，自然也就无从确定核心身份。有一句常被误解的成语是"人不为己，天诛地灭"，其实"为"

就是"修为、修养"的意思。如果我们不修为人格，就会为天地所不容。

如果我们能够注重自我人格的塑造和提升，在独处时，可以去提升自己的人格魅力，那么我们越能游刃有余地诠释好不同的社会角色。那么，为什么人与人的核心身份会不同呢？每个人所认知的自己以及自己想成为的样子，为什么不一样呢？这就涉及最高级别的理解层次——精神。精神层次是超越个体的系统，涉及个体与世界其他人与事的关系，在家庭中，精神层次涉及的是自我与家庭成员的关系；在公司中，精神层次涉及的是自我与公司成员的关系；在亲密关系中，精神层次涉及的自我与爱人的关系。系统有大有小，在不同的系统中，个体的使命也不同。精神层次决定了一个人的使命，即一个人希望成为对他人有着怎样意义的人。一个在自我层面具有清晰核心身份的人，才能在不同的人生系统中完成自己的使命，活出最高的生命价值。

人是群居动物，有集体归属感。生命的意义就在于一个人能够为同胞、为世界作出怎样的贡献，这也是阿尔弗雷德·阿德勒所倡导的社会兴趣。因此，我们要想过好有意义的人生，就要到不同的系统里，与不同的系统成员连接，用自我人格去影响更多的人。

第四节　理解层次的功能：改善自己所在的系统

我们每个人参与的系统有多个，系统有大有小，比如家庭系统、朋友系统、工作系统、社交系统。其中家庭系统又可以分成更小的子系统，比如原生家庭、亲密关系、亲子关系等。

那么，我们的使命在哪个系统呢？是在现有家庭的系统，还是在原生家庭的系统？是在工作系统还是社交系统？很多人的人生使命都在原生家庭里，都在努力为给予自己生命的这个系统服务。那么，为了服务于这一系统，个体所确立的核心身份就是孩子。这样的核心身份会导致个体在处理成年人的关系时出现行为、策略的无效。成年人的世界需要我们先抛弃孩子这个身份。事实上，**如果我们真的想要把未来的人生经营好，首先就要"背叛"原生家庭系统。孩子只有"背叛"原生家庭系统，才能真正成长为一个成年人。**所以从这个角度来说，孩子出现叛逆是一件好事，叛逆表明孩子开始了对原生家庭的"背叛"。如果一个成年人还有很多"孩子能量"未被释放的话，就说明他的叛逆期还没有结束。

所谓的乖孩子，其实都是没有勇气放弃"好孩子"的身份，因为他们觉得这样自己不乖，会让父母不开心，会"背叛"父母。"背叛"原生家庭听起来不太美好，可是从深层意义上看，我们每个人为这个家族系统作的最好的贡献就是能活得和家族系统里的其他成员不一样，活得比他们都好，都要卓越。

所以当我们真正开始研究系统，研究自己的核心身份是在为哪个系统服务时，就会发现更深层的自我。也有人会觉得自己从未体验过家的感觉，那么就要问一问自己：在自己还是小孩子的时候，有没有真正体验过有家的感觉？当时的家里有没有爱？很多人有家、有家人，却感受不到家和爱的感觉，这通常是因为，他们作为孩子的时候没有归属感，在自己需要爱的时候，没有人能给予自己爱。作为孩子的他们可能得到了环境和行为层面的满足，比如父母给予他们丰厚的外在物质条件，但这不代表他们也得到了心灵层面的支持和理解，而这才是他们真正需要的爱。所以在心灵层面，这些人还是孤单的孩子，缺爱的孩子，没有归属感。如果一个人自出生到成年，从没有享受到爱，那么成年后的他也很难给爱的人一个有爱的家。自己都不曾拥有过的东西，又怎么有能力给予呢？

第五节　多视角化评估：从不同的理解层次来理解一个人。———

关于理解层次的最核心的点，就是上一层次管理下一层次。关于这一点，我们可以做一个练习来体会。

理解层次练习

1. 确定自己人生中的一个系统。

2. 梳理在这个系统中自己的身份是否有效。

3. 自己需要调整的有效身份是什么？如何调整？

我有个个案做完练习后是这样分享的：我想改善的系统是原生家庭，我和妈妈沟通时总是和她争吵、对抗。争吵之后我又特别后悔，但下一次还是会忍不住继续对抗，这样的情况总是在不断地重复。做完这个练习后，我意识到接纳的重要性。过去，我总是带着评判和妈妈沟通，"你应该改变""你不应该这样去做"。正是因为不明白两个人理解层次中的信念和价值观不同，我们才会对抗。作为一个成年人，我要学着接纳，而不是评判妈妈的信念和价值观。今天，我感受到自己不是一个孩子，

而是一个成人。

当这个个案不认可妈妈、和妈妈发生冲突的时候，她的核心身份是孩子，是一个叛逆的孩子，而不是一个享受爱的孩子。因为她关注的是妈妈跟自己发生的冲突，所以叛逆孩子的核心身份就是"忍受妈妈"的孩子。事实上，心智成熟的成年人和妈妈相处的时候，应该接受妈妈给自己的爱，享受妈妈的爱。这个个案是一个什么样的孩子呢？她原来是听话的乖乖女，但现在不想做乖乖女了，所以才会和妈妈冲突、对抗。成熟，并不是在妈妈面前一定要表现得像个大人，而是要有成年人的心智，并用成熟的心智来经营好妈妈与自己的关系，学会用妈妈的爱来滋养自己。在妈妈面前学着享受妈妈的爱，回应妈妈的爱，这才是所谓的成年人。所以现在，她还没"用"好自己的妈妈。

在妈妈那里，我们要运用女儿的身份去享受妈妈的爱，也让妈妈享受她因爱女儿带来的幸福体验，这是双赢的状态。当我们享受到妈妈的爱，享受到一个被爱的孩子的幸福时，这种幸福感会滋养我们的人格。如果作为孩子的个案推开妈妈的爱，不去接纳妈妈的爱，自己是无法从母女关系中获得积极力量的。这个个案的行为就是在推开母爱，这还是一个叛逆的孩子会有的状态。她接下来要做的就是放下对妈妈的对峙，接纳妈妈的爱。

另一个个案做完练习后困惑于在系统中"妻子"这个身份应该怎么定位。因为她并不认同妈妈在婚姻关系中诠释的妻子的身份。对于一个女人来说，妈妈的做法是女儿学习如何做妻子的最核心途径，但是如果一个女人并不认同妈妈的表现，自己就不会认同妻子这个身份。这个个案不认同妈妈在妻子这个身份上的表现，她对父母的亲密关系模式产生强烈的评判。在她结婚后，妈妈这个妻子的身份的无效性也会在她的亲密关系中呈现出来。

个案补充道，她和老公的关系确实是女强男弱，仿佛在关系中自己承担了她的爸爸的角色，老公承担了她的妈妈的角色。这其实也是对父母关系模式的一种重复，而且是更糟糕的关系重复。她的妈妈最起码还承担着女人的角色，她却连"女人"都不是了。孩子是会传承父母的关系模式和关系状态的，所以系统对我们的影响非常深刻。她之所以在亲密关系中承担起自己的爸爸所承担的角色，是因为她更理解爸爸，更愿意站在爸爸这一边。每个孩子其实需要完成两个功课，一个是做爸爸的孩子，这样就能获得男性的能量；另一个是做妈妈的孩子，当她真的重视妈妈的时候，女性的柔软与爱的部分也能够被唤醒。该个案不认同妈妈的身份，说明她没有真正做妈妈的女儿，只是在做爸爸的女儿。

个案补充说自己看不到妈妈做妻子有什么好处，一直在付出，觉得妈妈很委屈。这其实是个案对妈妈的爱，她看到妈妈委屈、难过，却无能为力。从这点上我们分析，她没有把自己当作妈妈的女儿，更像是把自己当作妈妈的丈夫，所以她既是爸爸的女儿，又是妈妈的丈夫、保护者。我引导这个个案尝试在心里说："妈妈，其实我也想做你的女儿，做你的爸爸太累了。其实我也很难过，但我舍不得你，我心疼。我只顾得心疼你了，谁来心疼我？我只忙着心疼你，顾不上自己，没有人心疼我。我没有看到过你享受做女人的幸福，所以现在我也不会。我只看到了你做女人的辛苦。这是一个深层的信念：做女人太苦了。妈妈，请允许我活得和你不一样。作为你的女儿，我能为你做得最好的事就是把你没享受的女人该享受的部分，把你没活出来的女人的魅力，在我这里加倍地活出来。"

这其实是很多女性的真实信念写照，一方面，她们觉得妈妈做女人做得很辛苦，内心对"妻子"这一角色既不认同，又感到害怕；另一方面，一旦她们做了跟妈妈不一样的女人，就觉得"背叛"了妈妈——这就是孩子对父母的忠诚。这种忠诚并不是真正的爱，是盲目的爱。在这种盲目的爱的驱使下，她们会强迫自己活得和妈妈一样，不能比妈妈更幸福，通过让自己忠诚于母亲的身份和角色来忠于自己的生命系统。

真正的爱是，我们需要活得一代比一代好。只有活得比父母更好，才是对父母真正的爱。我们要允许自己有目的地去享受生活，即使妈妈没有享受过，我们也要允许自己去享受。我们可以想象一下，妈妈看到我们在享受生活时，她会是什么感觉。她一定感到很幸福：我的女儿不再受我受过的苦，我的女儿过得比我更幸福。这才是真正的爱，这才是真正地放过妈妈，很多时候，是我们不放过她们。

学习了理解层次后，我们就可以用理解层次的不同层次来审视人和事。理解层次理论在心理咨询中也十分奏效。很多咨访对话常常更多围绕在环境和行为层面上，最多触及信念层面。可是现在我们发现，其实在个体信念之上还有更高的理解层次，比如身份层面和系统层面，如果我们继续深入分析，信念的部分也就不攻自破。接下来，我们以咨询师的身份练习理解层次的访谈思维，用理解层次突破一些关系困惑和压力，并引导来访者去反观自己在生活中的无效身份。

理解层次访谈练习

1. 来访者谈论自己在某种关系中的困扰。

2. 咨询师发问：

这种情况下，在关系中你是谁，你像对方的什么人（无效身份）？

有效身份应该是什么？把无效身份和有效身份对比一下，看看有

什么不同？

做些什么可以让你转化到有效身份？

这个练习就像一面镜子，能观察到我们在平时的生活中看不到的盲点。我们一系列的关系问题，通常最核心的就是关系中身份定位的错位。以第一个为例，她从来没有真正享受过妈妈的爱。她原来做乖乖女的时候不是在享受妈妈的爱，而是"享受"妈妈的控制。所以"乖乖女"就是无效身份，而"享受妈妈爱的孩子"才是有效身份。只有心智成熟的成年人才可以区分纠缠在一起的控制和爱，并表达对妈妈的需求，"我需要妈妈的爱，我需要妈妈抱抱我"。但孩子是分不开爱和伤害的，孩子会对此全盘接受。当孩子被爱又被控制的时候，他可能会变得很叛逆：我不要你的爱，这样我就不用被控制了。可是这样做，会付出沉重的代价。

那么，在生活中有哪些切实可行的方式能够有效转化自己与父母的关系呢？我们可以试着这样调整自己的状态：在外工作时以成年人的

状态，回到家和父母相处时就去享受孩子的状态。一个人成年以后，即便没有恋爱，没有结婚，也需要与父母分开，尝试独自生活。但在中国式的家庭观念里面，父母往往在孩子成年后还继续与其生活在一起，而且要求孩子既能像以前一样依赖自己，又能像成年人一样解决问题。**父母和孩子之间的爱，就会变得很沉重。父母不忍心推走孩子，孩子也不忍心离开父母，这只会让所有人更加疲累，反而是各自分开，只是偶尔或者重要时刻聚在一起，更能享受更多的亲情。**有时候，聚少离多更有亲密感，也更有助于情感的表达。

还有一个个案探讨的是和父亲的关系。她发现自己一直没有接纳父亲所做的各种决定，比如对家庭的付出、对公司的经营等。通过做理解层次的练习，她能感觉到父亲最近几年的压力太大，同时也认识到自己应该以一个成年人的姿态对待父亲。父亲有自己的选择，她应该尊重他，而不是试图去改变他。

其实这位父亲深爱着自己的孩子，但是这位个案对父亲怀有"完美爸爸"或"理想爸爸"的期待。在她心目中，父亲应该是无所不能的。所以她想要的也许不是爸爸，而是一个"神"。可是爸爸只是一个普通人，她只有接受"爸爸是个普通人"这个真相，才能解放自己，否则她对自己的要求也会变成对"神"的要求。也就是说，当她要求爸爸是"神"，但爸爸没成为"神"时，她就可能会严格要求自己，把自己变成一个"神"。这会让自己活得很窒息，因为自己无论怎么努力，都无法做到无所不能。允许自己有各种喜怒哀乐，允许自己有各种不完美，这才是真正的完整。一旦我们能允许自己不完美，其实也就等于能允许别人活得真实。所有对别人的不放过，根源都是不放过自己。

理解层次能让我们理解一个人，而不只是"看到"一个人。当然，"看到"一个人也能帮助我们理解一个人，其实通过一个人的环境和行为层面，基本上也能够判断或者理解对方是一个什么样的人，甚至能够看到他可以给系统带来的力量和正面影响。接下来这个练习可以帮助我们从不同的层次"看到"和理解一个人，这也是理解层次的一个功能。

理解层次回应练习

我看到你_____（环境、行为）。

我感觉到你_____（能力、信念和价值、身份）。

你能够带给我_____（系统）。

如果我们能用这三个角度去"看见"、理解身边的人，对方会因此获得巨大的价值感。从小到大，我们很多人都没有得到过正面反馈，甚至得到的都是负面的回应。"我怎么生了你这样的孩子""你和你爸一样没用"，这种近乎诅咒的话是很多孩子成长中最常听到的。作为父母，如果我们能运用此角度去看自己的孩子，跟孩子表达"正是因为有了你，这个家才有了更多的支持力"，孩子就会觉得自己很有价值，也更愿意把闪光的一面活出来，更愿意做一个贡献自己、分享自己的人，能在各个不同的系统中都变得越来越有力量。

小时候，其实我们很多人是被"诅咒"大的，现在我们长大了，是时候给自己破除"诅咒"，给自己支持了。我们可以练习每天从以上三个角度去看到自己是什么样的人，感觉自己是什么样的人，明确自己能给系统带来些什么。经常从这三个角度来肯定自己，推动自己把人生更多精彩的面、更有力量的面、更有正面意义的面活出来。

要注意，在做这个练习时，我们并不是刻意赞美，或者说夸张的话，比如"你太伟大了""你好棒"，而是要非常客观地去回应对方。很多父母在了解到赞美的重要性时，每天对着孩子说"你很棒""你很好"，即便他们心里充满了批评孩子的声音，还是会口是心非地这样说，这会让孩子觉得父母太虚伪、太不真实。所以我们的回应一定要真实，比如"我感觉你是一个比较有力量的人""我感觉你是一个知性的人""我感觉你是一个有智慧的人""我感觉你是一个有灵气的人"……

感觉是需要用心体会后才能回馈给对方的反应，这种回应是肯定，而不是赞美。盲目的赞美是会给一个人带来压力的，因为赞美往往意味着高要求。很多父母会用赞美来训练孩子，这让孩子感到很痛苦。因为赞美背后表达的是"我要一个完美的孩子""我要一个比别的孩子都好的孩子""我要一个'神'一样的孩子"，而不是"我要一个真实的孩子"。

这并不是说我们不能用高标准要求孩子，而是不要用赞美的形式去要求孩子。当需要给孩子自我提升的建议时，我们客观、真诚地表达即可。比如，我在生了二胎后是这样和老大说的："妹妹有你这个哥哥太幸福了，正是因为家里有了你，我才觉得轻松很多，因为多了一个人帮我照顾妹妹。另外，如果你能有更多一点男子汉气概，这会有助于提高妹妹未来对男生的审美观。"这样，老大就会有更多的责任感和使命感。

　　如果我们想在群体中迅速和他人建立联结，也可以用这个练习。因为如果一个人被理解、被"看到"价值，他是很愿意靠近我们的。我们也会因此与不同的人建立不同的系统，进而迸发出很多新的力量。

第六节 先跟后带：积极发掘负面行为的正面资源。————

在关系中，当对方出现负面行为的时候，我们又该怎么办呢？比如，孩子考试不及格，我们很难给予积极、正面的回应。我们常常会去否定他，而且往往会全盘否定他这个人。

学习理解层次的一个好处是，我们可以区分批评的层次，比如紧紧围绕着行为和环境两个层次来批评孩子："这次没考好，你在考试过程中是怎么做的？在平时的考试中，你是怎么做到表现优秀的？"考试没有考好只是孩子的一个糟糕行为，我们对孩子这个个体还是要给予肯定，增加孩子的内心力量，让他获得下次考出好成绩的动力，这就是在行为环境层次上批评孩子，在能力、信念与价值观及身份层次上给予支持和鼓励。

也就是说，我们不要否定孩子的能力这一理解层次。考试成绩不好，可能因为孩子的注意力没有放在学习上，或者相比学习，孩子更在意交到更多的朋友。这都需要我们从信念和价值观的层次对孩子深入理解。因此，我们要看到负面行为背后的正面资源，然后借力去推动个体矫正行为。

我们的批评可以集中在行为和环境这两个最低的理解层次，而肯定和挖掘资源都需要从更高的层次入手，最后再回到行为和环境层面去做一些更有创意、更有效的策划，这就是"先跟后带"技巧，可以用来调整无效行为。我们"跟"的是理解层次的上四层：精神、身份、信念和价值观、能力；"带"的是理解层次的下两层：行为和环境。以冷战为例，成年人，尤其是恋爱男女爱玩冷战。冷战就是一种无效行为，它创造出来的环境是两个人不沟通，逃避问题。有男性个案这样表示：当妻子和我意见不一致、起冲突时，我就会选择冷战，转身走开。

作为咨询师，我们要看到冷战这个行为是无效的，但是我们"跟"的是个体内在的力量。个体在选择冷战的时候，也动用了自己的能力和力量。所以我们要回应他，告诉他在这个过程中运用了哪些能力。比如，他很有忍耐力，不想和妻子吵架，选择忍让；很有自我保护能力，保护自己不受伤害；有维护关系的能力，不希望关系变得更糟，不想伤害对方。这些就是信念层次对个体所建立的理解。

另外，基于信念层次的理解，我们还要反馈给他的是，他更在乎的是作为一个男人，自己的观点能够被理解、被接纳、被欣赏、被支持。在身份定位上，他觉得自己是这个家庭的男主人，要维护男人的尊严，觉得"好男不跟女斗"。所以在夫妻关系中，他是一个有忍耐力的男人，一个孤独的男人，一个不被理解的男人，还像一个需要被理解的孩子。基于这样的分析，我们或许能追溯出他在小时候没有办法应对父母的要求时，就选择逃避，孤独地转身走开。

所以，在现在的夫妻关系中，这个个案为了引发更少的冲突，为了维系关系，才会选择冷战，就像小时候也曾用这种方式对待自己最爱的人。他爱谁，可能就会对谁用这样的方式来面对冲突。这些都是先跟后带中"跟"的部分，能让他更好地理解自己。

接下来是"带"的部分。我们要启发个案的思考：作为家里的男人，你能给这个家带来哪些不一样的改变？你希望这个家更好，也希望自己能被理解，除了冷战以外，哪些行为可能会更有效？你希望发展出什么更有力量的东西？也许是男人的状态，而不是那个受伤的男孩的状态。那么你可以选择拥抱妻子，或对妻子表达："我其实需要你抱抱我，我需要和你更亲密。"

这种转化需要一个过程。我们会发现，真正使他转变的不是给他讲道理，而是充分了解他的理解层次。当他的理解层次被理解后，他就会主动去调整了。所以对于这个个案来说，正面的资源就是爱，因为爱，才冷战，因为冷战，爱却凝固了。同样，他的内在有爱的力量和资源，所以，他一定能做出一些不同的行为，让爱的流动变得不同，这种行为的效果一定比冷战更好。

总之，在生活中与人相处时，我们要做一个能够深入理解实施负面行为的人，做能够深入理解对方，并使对方愿意主动做出改变的一方，不要试图通过讲道理来影响对方，在深入对方的理解层次时，我们的影响力已经发挥作用了。

心灵空间

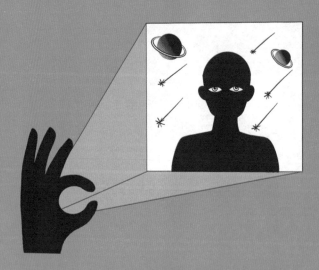

第十三章

心灵空间就像一个投影仪，

外在环境是我们内心世界的对话投影出来的部分。

我们每个人都有属于自己的外部空间和内部空间。外部空间，即物理空间，是我们生存所处的外在环境，比如房间，灯光、人物等，而且外部空间里的关系维度是不可逆的。而心灵空间是我们内在的世界。如果用树来做比喻，树干、树枝、树叶都属于物理空间，树根则属于心灵空间。我们外在创造的所有东西，无论是生活环境、工作状态，还是事业、家庭关系，都和我们内在的心灵空间有关。

心灵空间就像一个投影仪，外在环境是我们内心世界的投射。我们的内在对话是什么样子，所创造的世界和生活就是什么样子。所以，心理学是研究一个人的心灵空间中内在对话的过程。一个人心灵空间的内在对话，也就是其心智模式。心灵空间的内在对话反映出一个人行为的真实原因。因此，在分析一个人时，不应该把焦点放在外部行为上，而是应着重探索行为深层的内在对话。行为表现只是表象，内在对话才是本质。在日常生活中，我们应该研究和关注的是一个人的心灵空间，即通过他外在的行为和语言探索其内在世界。

第一节　向外投射：外在环境是心灵空间的投影

有三张图能帮助我们理解心灵空间和外部行为的关系，第一张图是冰山图（见第十章），第二张图是理解层次图（见第十二章），第三张图是心灵空间图（见本章第四节）。这三张图就像 GPS 导航系统，它能准确定位我们所处的位置，帮我们精准地找到正确看待问题的途径。只要我们能够掌握好这三张图，就能快速地进入问题的中心。很多咨询师、疗愈师、导师在面对来访者的时候，常常使出浑身解数，却找不到问题的根源在哪里，使来访者饱受其苦。掌握这三张图的意义在于它能够支持我们更精准地探索到自己或他人的情绪卡点在哪里。

每个人都是先有"我"的概念，才会有"我"身边的世界，也就是说，我们眼中的世界是由自己的世界观决定的。面对同样的一件事情，不同的人会有不同的看法，这是因为每个人对这个世界有不同的认知。所以，心理学本质上其实是在探索"我"和这个世界的关系。如果表述更精准一些，那就是"我"和自己的关系、"我"和世界的关系，其中"我"和世界的关系包括"我"和父母的关系、"我"和男人的关系、"我"和女人的关系、"我"和事业的关系等。所以，我们每个人都生活在关系中，一切问题都是关于关系的困扰，而一切关系的根源是"我"与自己的关系，即自我关系。

第二节　亲子关系"铁三角"：父亲、母亲和我○————

图13-1

我们每个人都是通过父母来到这个世界上的。"我通过父母来到这个世界上"和"父母把我生到这个世界上"虽然表达的意思一样，但反映出两种截然不同的认知。

"父母把我生到这个世界"与"我通过父母来到这个世界"，一个是被动型认知，一个是主动型认知。如果我们认为是父母生了我们，就有可能把遇到的所有问题都归因到原生家庭，认为是原生家庭的错，内在对话常是这样的"你们生了我，为什么没有好好养我"。相比而言，如果我们认为自己是通过父母来到这个世界上的，就会把自己放在主导和主动的位置，当遇到问题时会从自身找原因，也拥有直面生活的勇气。原生家庭确实会影响一个人的生活，但起影响作用的是一个人对原生家庭的看法。也就是说，我们如何看待自己和原生家庭的关系，如何看待自己和父母的关系，这些认知会影响我们的现在和未来。

亲子关系"铁三角"的含义是：**每个生命体都有两股与生俱来的力量——母亲的力量和父亲的力量，这两股阴阳力量融合在一起，形成新生命体的内心力量。**

有一天，我去医院输液的时候遇到一个身体有残疾的单亲妈妈，她跟我聊了很多。她的网名叫折翅天使，这反映出她对自己的一个认知。当她认为自己是折翅天使的时候，所有的人生剧本都会围绕这个定位展开。她既担心自己教育不好孩子，又担心孩子不够依赖自己。当孩子亲近爸爸的时候，她就会很生气。小时候孩子什么都听自己的，现在竟然和爸爸更亲近，这让她接受不了。这个单亲妈妈反对孩子亲近爸爸，也就意味着反对孩子去认同自己的男性力量，这对孩子的发展十分不利。

父母离婚的家庭被称为单亲家庭。一提到单亲家庭，我们可能就会觉得这类家庭的孩子是缺失爱的。其实孩子得到的爱是否缺失或不完整，取决于父母的状态。即使是单亲家庭的孩子，如果父亲和母亲依旧爱着孩子，并满足孩子对父爱、母爱的需求，那孩子的爱是不会缺失的。我们每个人都有父母，但是，无论是单亲还是双亲离世，只要我们在心灵空间认识到自己获取的男性、女性力量不会因外在原因而消失，我们的力量感就有了。

这个单亲妈妈在孩子跟自己亲近时很开心，同时也会反思父亲的缺席使孩子的人生不够完整，所以想努力给孩子更多。其实，孩子的发展本身没有什么问题，而妈妈认为孩子是缺爱的，这种认知反而会影响他的发展。虽然妈妈一直很支持爸爸来看孩子，可是当发现孩子竟然和爸爸很亲近时，妈妈反而生气。此时，妈妈的认知和情绪开始左右孩子的成长。孩子会感知到母亲的这种信号，他很想亲近自己的爸爸，可是想到自己一亲近爸爸，妈妈就不高兴，他的内心就会很挣扎。

这个单亲妈妈为什么要这样呢？因为妈妈没有安全感，孩子成了她唯一的寄托，她担心失去这个孩子。也就是说，在妈妈的心灵空间里，这个孩子已经不是孩子了，他有可能扮演了妈妈的伴侣这一角色，其心灵空间里出现了角色错位。还有一种可能是，孩子没有成为妈妈心灵空间的伴侣，但被妈妈用作泄恨的"战友"。或许，爸爸曾经抛弃或者背叛过妈妈，他们的关系中有仇恨，所以妈妈正在拉拢孩子"入伙"，一起恨爸爸。因此，孩子的成长和原生家庭并没有多少关系，而是和父母对家庭的认知、对孩子的认知有关系。

关于亲子关系"铁三角"的理解，有两个重要的知识点。第一个知识点是，孩子能够接收到父母对自己的爱。很多人认为父母不爱自己，但这可能只是他不知道怎么接收父母的爱。如果孩子不能接收父母对自己的爱，他也很难接收身边人对自己的爱、这个世界对自己的爱。那么他的关系模式，尤其是亲密关系、亲子关系的经营会出现问题，他不知道怎么和爱人、孩子相处。让孩子有接收爱的能力，这点很重要，父母对孩子的爱是天性，父母能够把孩子生下来，本就有对孩子爱的能力，但培养孩子会接收爱，这是父母要做的功课。

第二个知识点是，孩子能够看到父母之间的爱。父母送给孩子最好的礼物就是彼此相爱。那如果父母两个人即将离婚或已离婚怎么办？让孩子看到父母之间的爱，并不是父母不能吵架，不能离婚。爱可以跨越空间存在，在离婚后父母能彼此祝福，也是爱，所有的父母在创造孩子生命的那一刻是相爱的。如果父母不能给孩子一段"好的婚姻"，那就给孩子一段"好的离婚"。离婚后，父母良好的关系状态会让孩子感觉到安全感，并认识到伴侣不适合时也可以分开，他对亲密关系就会有一个更高、更宏观的认识。要知道，爱不终止，即使伴侣关系中断了，亲子关系也不会结束。爸爸永远都是这个孩子的爸爸，妈妈也永远都是这个孩子的妈妈。

当我们成年人能够坚定地认识到这一爱的真相时，孩子的心才会安定。当孩子觉察到父母离婚的时候，他会失落和难过，父母可以告诉孩子："不管我和你爸爸（妈妈）的关系怎么样，你永远都是我的孩子，我永远都是你的妈妈（爸爸），他（她）永远都是你的爸爸（妈妈），我们永远爱你，永远牵挂你。婚姻是我们两个人的事情，与给你的爱无关。"当父母能够在心里认识到这一点的时候，他们的心灵空间里就可以稳固每个人原本的位置。孩子接收这些信息，才会非常平静地去面对和处理父母之间的关系。

有人会好奇：如果父母离婚了，孩子跟谁生活最好？这和物质条件无关，最好跟能够尊重对方、不贬低对方的一方生活。因为在孩子眼里，妈妈（爸爸）批判的不仅仅是伴侣，还是他的爸爸（妈妈）。当我们否定孩子的爸爸（妈妈）时，就意味着否定孩子的一半力量，也等于间接否定了孩子。

第三节　另一核心关系圈：子女、兄弟姐妹和伴侣○————

父亲、母亲和"我"这三者所构成的心理"铁三角"，是心理学研究的所有问题的一个缩影。心理"铁三角"包括三层关系，也就是"我"和父亲的关系、"我"和母亲的关系、"我"和自己的关系。弄清楚这三者的关系，是我们理解其他关系层次的基础。

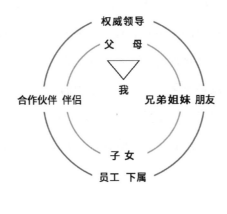

图13-2

从关系角度来看"我"和世界的关系主要有两个层次："我"和男人的关系，以及"我"和女人的关系。"我"和父亲的关系，是"我"和这个世界上所有男性和男性能量的原型关系——男性能量包含战斗、勇敢、创造力等；"我"和母亲的关系是"我"和这个世界上所有女性和女性能量的原型关系——女性能量包含温柔、欣赏、包容、孕育、滋养等。基于"我"和父亲、母亲的关系——以及"我"对父母关系的态度，形成了"我"在这个世界上自我关系的雏形。

生命就像一条河流绵延不断，父母生育了"我"，将生命传承给"我"，"我"长大后会找到自己的伴侣，与之结婚、生育子女，继续将生命传承给子女。另外，父母还可能生育其他孩子，将生命传承给"我"的兄弟姐妹，因此，围绕着"我"的父母、伴侣、子女、兄弟姐妹，共同组成了一个核心关系圈，"我"几乎所有的喜怒哀乐都源自这个关系圈。

在日本一次即将发生的空难中，乘客都在匆忙写遗书。后来飞机有惊无险，平稳落地。翻看乘客写的遗书，内容都是在表达自己的歉意、遗憾、爱意和感恩。在生命的最后，人们的遗憾大多关于没有表达出的爱，以及对被爱的不珍惜，而那些觉得此生无憾的人则充满了对所拥有的爱的感恩。由此看出，关系中的爱是我们生活的本质和源动力。心理治疗的核心，就是唤醒一个人在关系中的力量，即爱与被爱的力量。在心灵空间中，"我"和父母的关系是"我"和世界一切关系的原型，不仅影响到"我"和伴侣、子女、兄弟姐妹的关系，还会向外延展至"我"和其他人的关系。

1.和父母的关系延展出和权威领导的关系

面对权威领导时，有些人会特别紧张，有些人视而不见，有些人则试图挑衅，还有些人会百般讨好。我们每个人和权威领导的关系是我们和父母关系模式的反映和延展。

我们在生活中往往会发现，很多上学时学习成绩好的孩子步入社会后大多不会选择创业，他们会倾向于选择稳定的工作。小时候，他们通过表现乖巧、学习成绩好来得到父母的认可和关心，成年后，得到领导的肯定成了他们擅长的事，也是他们得到爱和肯定的方式。

在单位领导面前紧张不已的个体，他们小时候经常被父母否定。对于这类人，要想改善和领导的关系，首先需要探索自己和父母的关系，而不仅仅是学习处理和领导关系的技巧。小时候，父母对他们的打压和否定，使他们形成了深深的自卑感，以及不自信的行为模式。在面对领导时，他们也会产生恐惧和害怕。

习惯于挑衅权威的人，本质上是对父母的反抗。这类人不仅会挑衅领导，还会挑衅老师、客户、讲师等一切能激起他与父母原型关系的人。他们挑战的根本不是眼前的权威，而是自己的父母，因为他在父母那里没有得到肯定。事实上，挑战行为背后的能量是脆弱。在心理咨询中，面对这类来访者，咨询师可以使用收回投射法，即直接告诉他谁才是他要挑战的人，并与他一起聊聊他和那个人的关系。或者，还可以运用投射法，如果他把咨询师投射为自己的父母，那咨询师就可以扮演父母这个角色对他说："如果我是你的父母，这一刻我想对你说的是，你这样做我也很心疼，我也不知道怎么爱你，其实爸爸妈妈一直是爱你的。"

我们和父母的关系会影响一生。如果与父母的关系不好，在以后的人生中会遇到更多、更棘手的挫折。我有个同学，事业做得很成功，后来被举报调查了，举报他的人正是自己的工作搭档，调查结果是他没有任何问题。他和工作搭档的关系的确一向不好，但他并不清楚为什么两人一直搞不好关系。我后来发现，他的搭档是一个中年女子，和他的妈妈年纪相仿，他在潜意识中把搭档投射成了妈妈。而他从小和妈妈的关系就不好，两个人有着严重冲突，所以，他在心灵空间里将跟妈妈的关系模式投射到了和搭档的关系上，导致他表面上想和搭档相处融洽，潜意识上却与之对抗。

也就是说，他和搭档互动时其实并不是真正地在面对搭档，而是通过搭档在和自己的妈妈互动。但搭档并不知道他正在把自己和妈妈之间的冲突投射到两人的相处上，最终导致矛盾激化，两败俱伤。

2.和子女的关系延展出和员工的关系

很多领导在辞退员工的时候会很纠结、不忍心，其实背后的心理原因是我们对员工有对孩子的投射。不管孩子的表现怎么样，他在我们的心灵空间里是不能被抹掉的。有企业归属感的领导往往把企业当作自己的家，把员工看作自己的孩子，所以在辞退员工的时候，就会产生愧疚感。从心理层面来看，人事部门的存在便可以转移领导辞退员工时的愧疚感，承担起相关的责任。

在职场上，我们要有意识地从职场关系中剥离出自己所投射的家庭关系。对于员工来说，自己只是领导，不是父母。如果你是一位企业领导，面临这样的难题时，可以试着在心里跟员工对话："你不是我的孩子，你只是我的员工。我们是合作关系，我们是曾经的伙伴。现在我带着一份爱，带着祝福送你走，解除契约关系。"事实上，如果一位员工或下属不适合当前的工作岗位，及时地与他解除合作关系，或许有助于对方找到更适合的地方。

3.和兄弟姐妹的关系延展出和朋友、同事的关系

很多"90后""00后"的孩子不会与人相处，他们一般出生于独生子女家庭，而在家这个天然的训练场中，他们没有机会学会如何与人

合作、相处。这些独生子女从小被当作"小皇帝""小公主"来对待，集万千宠爱于一身，衣来伸手、饭来张口，自己的一切需求都能被父母满足，而且更重要的是，自己能独享父母全部的爱。在他们眼里，所有的东西都是自己的，自己不需要与人分享，更无须考虑他人的需要。

在多子女家庭中出生的孩子会争夺，会争吵，会有矛盾，但也会学着合作。他们在家庭这个人际关系训练场里学会了如何处理关系，如何处理矛盾，如何分享和合作。等到他们长大后步入社会，也可以处理好跟朋友、同事的关系。但是独生子女在家庭里没有学会如何处理关系，在步入社会前还有一个训练场，就是学校，可是学校往往更多关注知识的传授，而缺乏对社交、处世方面的教育。而且，学校文化比较容易引导学生之间的竞争。所以，如果学校没能承担起教孩子合作能力这一重任，孩子进入职场后就会成为解决、处理关系问题的弱者。因为进入利益争夺的职场后，个体已经没有机会去学习合作，而是要真刀实枪地去面对关系的挑战。对公司领导来说，鼓励不会合作的员工去协作、共赢，难上加难。

4.和伴侣的关系延展出和合作伙伴的关系

伴侣关系就是合作伙伴的关系，因为伴侣关系是唯一一种没有血缘，但又要在一起生活的关系。我们会发现，很多人在事业上的失败往往都是从伴侣关系的破裂开始走下坡路的。伴侣不是不能分开，而是要以友好的方式分开，能做到这一点的人在处理合作伙伴的关系时也是没有问题的。

以上是心灵空间的第二个关系圈，我们人生中的大多数关系困扰都发生在这个圈子里。

第四节　更宏观的心灵空间：环境和时代

　　除了以上空间外，还有一个更宏观的心灵空间是我们所有人所共有的，即我们每个人赖以生存的土壤——环境和时代。

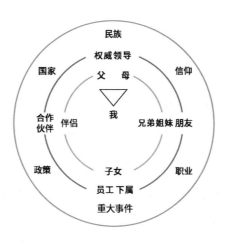

图13-3

1.国家和民族

　　国家是一个国家的人所共有的宏观心灵空间，当我们的国家变得越来越强盛时，我们也会感觉自己更有力量感。在谈及国家时，更加自信、自豪。无论去往世界的任何地方，都能自信而鲜明地表明自己是中国人。

同时，民族也是我们宏观心灵空间的一个组成部分。同一个民族的人会更有亲近感，而一个民族的人到另一个民族的集体中，就会感觉到拘束和陌生。但是，如果站在更大的空间视角上来看，感受则完全不同。比如，不同民族的人，都从国家层面来看待彼此，会感受到亲切和平等。

了解这一点，可以帮助我们在人与人相处中迅速拉近距离。而且，心理咨询师在工作中也会考虑这个层面，即来访者的生活背景和时代背景。我有一个亲戚的儿媳妇是回族人，按照我们当地的习俗，除夕夜要在婆婆家过，这个儿媳妇必须在新年第一天郑重地给公婆拜年，但是按照儿媳妇家乡的习俗，要回娘家过除夕夜。双方都没有提前沟通，婆媳关系因此产生裂痕。如果双方能从生活背景来考虑问题，也许就能更好地理解和包容对方了。

谈到民族，我们还会联想到移民，以及伴随移民而来的文化融入问题。有很多土生土长的三代移民依然被当地人指着鼻子骂"滚回自己的国家"，虽然在国外生活多年，可这些人心里依然会有身份焦虑感：别人怎么看自己？自己到底是哪国人？如果放到更大的心灵空间去看，这种身份焦虑源自对国家和民族的"背叛"所带来的愧疚感。这份愧疚感会给他们造成很大的心理压力，也正是因这种愧疚感，有些人会不允许自己过上好日子——通过让自己活得不好，来消解愧疚感。

当然，还有不少人选择移民是为了让孩子接受更好的教育，但真正好的教育是让孩子把根扎在适合自己的文化土壤中。"橘生淮南则为橘，生于淮北则为枳"，不同的土壤会培育出不一样的果实。移民者的孩子，尽管或许能得到更好的教育条件，但深层的身份焦虑感和归属感的匮乏是其成长路上必须面对的挑战。

2.信仰

我有过这样一个个案：来访者是一位男孩，和爸爸发生了很严重的冲突，吵得不可开交，爸爸也不知所措。通过了解我发现，他们一家人都有宗教信仰，男孩新找的女朋友却没有。父母对此表示反对，认为儿子未来的伴侣应该是跟儿子有共同信仰的，于是要求他们分手，如果不分手，父母也不认这个儿媳妇。可想而知，这个男孩陷入怎样的纠结，一边是自己认定的女朋友，一边是自己深爱的父母。对爱情的向往驱使他想要跟自己的女朋友在一起，但是享受爱情又会让他感受到"背叛"父母的愧疚。这种愧疚感会拉扯男孩回到父母身边，可对爱情的渴望又让他难以割舍下女友。他在两者之间摇摆不定，不知何去何从。

那要怎样才能走出心灵的困境呢？对他来说，最简单、直接的方法也许就是直接和爸爸发生冲突，利用冲突来制造"清白"感。这样他就自由了，既能心安理得地享受爱情，同时又能摆脱对父母的愧疚感。所以，这表面上看是亲子冲突，更深层的冲突则是心灵空间中关于信仰和爱的冲突。要想走出信仰和爱的冲突，男孩要意识到让父母坚守信仰是因为坚信信仰会给他带来幸福，而不是成为阻止他享受爱情和幸福的阻碍。如果他可以做到这一点，信仰和爱之间的冲突就有望化解了。

3.职业

　　职业也是影响心灵空间的重要源动力。比如教师家庭培养出来的孩子大多比较温文尔雅，而警察家庭的父母陪伴孩子的时间比较少，而且因为职业习惯，对待孩子更严厉，培养出来的孩子也更不善言辞。如果孩子不能认识到这一点，就有可能无法理解父母对自己的爱，会把父母爱自己的方式理解为父母不爱自己。

　　在《激情燃烧的岁月》这部电视剧中，男主角石光荣是一名军人，因此他的儿子从小就受到严苛的家庭教育，言谈举止都被父亲严格要求，甚至放弃上大学的机会而遵从父亲的意愿当了兵。这使儿子非常记恨父亲，以至于在家里吃饭的时候，连话都不愿意和父亲说。直到儿子有了自己的孩子后，才开始理解父亲对自己的爱，和父亲之间的感情也开始真正地连接、融合。

　　我有一个女学员，她的爸爸在她很小时就去世了，因此她一直和妈妈生活在一起。爸爸在世时陪伴她的方式就是每天早晨把她叫醒一起晨练。了解到她的这一生活背景，我们就能理解为什么她的性格像一个男孩子。她内心深处不允许自己展现女性能量，而通过展现男性能量来实现跟父亲的联结，这也影响了她的职业选择和对伴侣的选择。

　　还有一个学员在大学毕业后患上了躁郁症。毕业后，他便一直在家里面待着，没有外出工作。在咨询过程中，他总是吞吞吐吐，什么都不愿意表露。在了解了他的家庭情况后，我才理解了他产生这些症状的原因。由于他爸爸的工作需要保密，常常在没有任何交代的情况下就离家很久。这时候，孩子就承担起了陪伴妈妈的任务。不了解实情的孩子误认为爸爸和妈妈关系不好，导致爸爸一声不吭就离家很久，他需要多关心妈妈。但是，毕竟他慢慢长大，终有一天需要走出家门，踏入社会找工作。于是他的心中产生了拉扯、顾虑：如果自己外出找工作，妈妈一个人怎么生活？因此他必须给自己找一个不出去工作的理由，而最好的理由就是"生病"，可以让他可以心安理得地待在家里陪伴妈妈。事实上，他并不是真的生病了，而是潜意识里为了陪伴妈妈而找到的理由，这也是爱的表现。

心理咨询就是帮个体寻找爱的源泉，而不是单纯地关注他的困扰和问题。想要治愈学员的躁郁症，需要让他看见自己深层次因爱产生的顾虑，让他明白其实妈妈并不孤单，而且爸爸妈妈之所以一直分居，不是因为关系不好，而是因为爸爸工作的需要，他们都在为社会做贡献。这样，他就更容易理解父母之间的关系，对爸爸的怨恨消失了，也不再担心和牵念妈妈。他就可以走出家庭，告别对妈妈的牵挂，开始追求自己的生活。

4.重大事件

重大事件包括集体重大事件和个体重大事件，像汶川地震、新冠肺炎等集体重大事件的发生，会让身处事件中的人共处一个心灵空间里，既共同体验恐惧，又能团结友爱，凝聚在一起。个体重大事件往往只对个体具有重大意义，有些事件在别人看来可能微不足道，但会对个体造成极其重要的影响。

一个学员常年四海为家，他感觉自己没有归属感，而且提到金钱就会很紧张。经过深入了解，我发现他小时候曾发生过一件对别人来说极其微小的事。他偷过一次钱，钱并不多，只有3元。但爸爸妈妈发现后把他狠狠地打了一顿，他因此离家出走，在麦垛里藏了一天一夜，晚上都不敢回家。他分明听到爸爸妈妈喊自己回家，但就是不敢从藏身处出来。后来，他到藏钱处找这3元钱，却只找到了2元。这个事件对他造成了很大影响。他现在已成家，也很能赚钱，但又存不下钱。他有好几套房子，老家有一套，在广州工作时又买了一套，而太太定居深圳。他常年全国各地跑，但在任何城市，住哪套房子都没有归属感。偷钱事件在他的心灵空间里留下了痕迹，也许，他的漂泊感源自他一直在寻找丢失的那1元钱。后来经过学习，他也成为一名心灵导师，事业越来越成功，在心灵空间里找到了能量，终于与漂泊感和解，回到了太太、孩子身边。

对很多人来说，这件事根本算不上什么，不就是1块钱吗？不就是小时候年少无知，做错了事，被家长打了一顿吗？但就是这么一件细微的小事给该学员留下了创伤，以致往后的多年都活在寻找归宿中。

我有个同学，大学毕业刚参加工作时遇到一件事。有一次，他和领导产生了矛盾，领导一边声色俱厉地教训他，一边瞪着他，以至于在很长一段时间里，他总是感到被那双眼睛瞪着。虽然他现在已经40多岁，参加工作数年，可是为人处世上还像一个20多岁刚毕业的大学生。对于他来说，他的能量可能"卡"在了那个没有被"消化"的矛盾事件上。这个未完成事件在他的潜意识里徘徊，使他在现实生活中一直逾越不过它所造成的困扰和障碍。

我还有一个同学是一家公司的老板，有一次他在高速路上出了车祸，是他追尾对方。事发后，他竭尽所能去抢救对方的生命，但不幸的是，对方最后没能抢救过来。（如果不幸发生这种情况，一定要尽自己所有的力量去抢救、去赔偿，只有这样才能够消减自己内心的亏欠感。如果想逃避责任，最终还是会受到心灵的谴责和法律的制裁。）尽管他努力去抢救对方、去赔偿家属，但内心依然无法获得平静。这件事发生后，他几乎不能再开车，因为只要加速，他就紧张无比。尤其是行驶在高速路上时，看到前面有车，他就想冲上去。他有"冲上去"的冲动，是因为他心里有个声音，"我要把我的生命还给你"。

他觉得自己无法被救赎，因为他逃脱不掉这个事实——对方失去生命是由自己造成的。所以他的死本能被唤醒，他内心中想要把生命还给对方，以这种"归还"的方式求得内心的救赎。这就是个体创伤性事件对个人的人生造成的影响。

所以，**当我们探索一个人的问题时，不能只关注他当下自述的困扰，而是要从整个心灵空间的角度来分析。**我们要去探索他之所以出现某种行为原因，是因为能量"卡"在了哪里？这些问题的意义是什么？如何从心灵空间去疏解他压抑已久的情绪？这就是更宏观的心灵空间对我们的生活所造成的影响。

第五节 生命坐标：在心灵空间中找到"我"的位置

生命坐标，顾名思义就是定位，也就是确定"我到底是谁"。能够准确找到生命坐标的人可以在心灵空间中找到"我"的正确位置。用更通俗的话来说，就是可以做自己。一个真正做自己的人能够在人生阶梯上自觉生长，着眼于未来，把每个难题视为自己进步和成长的机会，向着前方一路成长。事实上，我们生命中所有的困扰都源于没有真正做自己。所以，如果人生路上出现困扰或阻碍，我们要思考的是：如果我们没有做自己，那么我们做了谁？

妈妈的子宫和家庭的"子宫"

每个生命都通过妈妈的子宫来到这个世界，当胎儿和妈妈之间的脐带被剪断，从某种意义上来说，孩子又进入了另外一个"子宫"——家庭。家庭这个"子宫"和妈妈的子宫既有相同的地方，也有不同的地方。胎儿在妈妈的子宫中能得到营养、安全、温暖，满足生理上的需求。此外，胎儿在子宫中还能与妈妈获得情感的联结。比如妈妈在怀孕期间情绪波动较大，会对胎儿的发育造成不良影响，严重者甚至导致胎儿畸形。而且，孕妇的情绪波动会影响胎儿出生后的性格。

妈妈生产后，孩子离开了妈妈的子宫，进入到家庭的"子宫"。这时候，父母应该给予孩子什么呢？是爱，在满足其生理需求的同时，更需满足其情感需求。也就是说，我们要在家庭"子宫"里学会如何去爱，如何表达爱，如何分享爱，如何感恩。可是大多数父母并不注重爱的能力的教育，而是更重视知识教育。很多父母会炫耀自己的孩子3岁就认识多少字，会背多少古诗，在孩子的心理营养层面却未做出任何努力。只有心理营养充足的孩子才能构建好决定一生幸福的底层根基，才能积极乐观地面对人生，未来成功的概率也更高。很多案例表明，少年天才的结局并不像我们想象的那么美好。很多有严重心理问题的来访者也都曾有过了不起的荣耀时刻。少年天才和这类来访者没能笑到最后的根本原因就是，他们的父母忽略了家庭"子宫"应给孩子的心理营养。

所以，我们每个人都应该思考一个问题：我们在成长中，父母给了我们怎样的教育？很多人会觉得，自己从小就没得到过父母的爱，所以不知道如何爱自己的孩子。但事实上，每个人只要生存下来，就都得到过爱，因为刚出生的小生命在没有被爱、被照料的情况下是活不下来的。但是，孩子能否感觉到爱，这一点更重要。只有当孩子感受到了父母的关注和祝福，也就是感受到被爱，他才会充满力量。因此，感知爱的能力很重要，虽然父母都是爱孩子的，可是有的孩子却认为父母并没有按照自己想要的方式来爱自己，所以这不是爱。对于父母来说，一个重要任务就是要让孩子感知到自己的爱。

父母的教育方式需要"升级"

如果孩子能感受到父母的爱，他就会充满力量。而看到孩子充满力量、积极乐观地前行，父母也会感到幸福和温暖。但父母要清醒地意识到，孩子不会永远是个孩子。他会长大，会不断地往前走，也会挣扎着逐渐脱离父母的怀抱。因此，父母给予孩子的爱要跟得上孩子成长的步伐。如果父母不成长，一直停留在固有的亲子模式中，学不会爱与放手的艺术，总是渴望孩子对自己的依恋和依赖，不愿放手，不肯放手，那么随着孩子成长，父母只会感到越来越多的失落。孩子会进入青春期、叛逆期，并逐渐形成自己独立的自我意识，他们需要父母用新的方式来诠释自己的爱。因此，真正需要改变的不是孩子，而是父母需要"升级"自己爱孩子的方式。

在孩子小时候，无论父母怎样爱孩子，孩子都会全盘接收，因为他还没有自我意识，也无力去反抗。而当孩子长大进入青春期后，父母给他做水饺，他可能要吃汤圆；父母让他多锻炼，他却想睡觉。这时候父母就会感到失落，感觉孩子不再接受自己所付出的爱。如果父母一直把孩子当成"我的"，这种失落感就更强烈。父母会觉得，孩子本来是属于自己的，是与自己不分你我的，他怎么会慢慢和自己有距离呢？因此，青春期的孩子和父母的矛盾往往来自父母没有学会用新的方式来表达爱。孩子已经开始长大成人，而父母仍然站在原地，坚守旧的亲子教育模式。父母的爱，要以尊重孩子为前提。如果父母表达的爱，能被孩子感知和接纳，就是祝福；如果不被接纳和理解，对孩子来说就是束缚。在一个非常尊重孩子的家庭里，孩子往往会自然而然完成青春期的转变，不会出现明显的叛逆。

对于青春期，父母也应该积极来看待，而不是一味地将其视为"灾难"。青春期、叛逆期是每个人成长过程里的必经阶段，是个体从一个孩子成长为一个成年人的必要过渡。虽然青春期的孩子会面临很多挑战，但没有青春期更是问题。一个人不是到了成年就自动拥有了成年人的心智，很多成年人还是像个孩子一样依赖他人。他们对父母有所求，无法独立处理自己遇到的问题，对外界缺乏边界感，这都是婴儿和孩子的行为模式。这些成年人之所以一直未长大，最核心的问题可能就在于没有经历一个真正意义上的青春期。只有当他们真正经历过青春期的叛逆，完整地度过这一成长阶段，才会成长为真正的成年人。

所有的矛盾都是源于"我需要你"

随着长大，孩子会有走出家庭、走入社会的渴望，有些父母不愿接受孩子长大要离开自己这一事实，想把孩子一直留在自己身边。他们不会用直白的方式表达"我希望你回到爸爸妈妈身边"，而是常用"症状获益"的方式。也就是说，他们会用某种症状来拴住孩子，让孩子回到身边。比如，有些妈妈会对孩子说："我和你爸关系不好，你爸不理解我，也不陪着我。"她是在利用夫妻间的矛盾把孩子留在家中。

没有有问题的孩子，只有有问题的父母。孩子身上表现出的问题通常是反映家庭关系的一面镜子，比如早恋、网瘾、不良爱好等。孩子的早恋并不是真正意义上的成人恋爱，它本质上是孩子自动自发、主动寻找爱的手段。所以，孩子早恋并不代表孩子心智早熟，而是在疗愈自己。这就如同一个孩子认真学习不一定是因为真的热爱学习，他有可能只是想通过学习来获得父母的关注和认可。同样，一个沉溺于网络游戏的孩子或许是想对父母表达对家庭氛围或父母相处方式的不满。我们发现，很多帮助戒除网瘾的学校并不能解决孩子的网瘾问题，因为学校只是致力于解决孩子的行为层面的问题，并没有意识到孩子或许是想通过网络游戏找到力量感和价值感，而这可能是孩子在真实生活中所欠缺的。

孩子会用自己的"问题"引起父母的关注，同样，父母的矛盾或问题也是对孩子爱的呼唤。对很多父母来说，爱在心，口难开，他们很难开口表达自己的真实需求。当他们想要孩子陪伴自己时，往往说不出口。他们不会直接说："孩子，我想你了，我想让你回家看看我。"他们会说："你爸最近脾气不太好。"诸如此类。事实上，他们真正想要的，只不过是孩子对自己的爱和关注。

把自己放在第一位

对我们每个人来说，我们首先要学习把自己放在第一位，要学会做自己。这句话看似简单，想做到却并不容易。在做自己这件事上，我们经常受到外界的干扰和牵绊。比如，当父母关系不好的时候，我们很难不管不问，淡定地做自己。当父母与自己意见相左时，我们很难不顾及父母的感受而坚持自我。如果父母不幸福，我们也很难幸福。很多人的困扰、痛苦、不快乐，都是来自他们心里对父母的忠诚。也就是说，他们觉得父母活得不快乐，自己也没有资格活得快乐。

很多人虽然已经成家立业，建立了自己的新家庭，心中依然割舍不了对原生家庭的牵挂。他们的身份定位依旧是父母的孩子，而不是自己。如果一个已婚男人在心灵空间里选择做父母的儿子，那么他的妻子就会觉得空虚，因为"妻子的丈夫"这个位置出现空缺。这个空缺由谁来填补呢？这时，孩子就可能承担起多种角色，既要做妈妈的孩子，又要充当"妈妈的丈夫",承担起很多不应该承担的责任。解决方法很简单,就是每个人都回到自己的位置上,真正做自己。

在和父母的关系中,我们的身份有三个:自己、父母的孩子、站在父母的身后做父母的父母。把自己仅仅看作"父母的孩子"的人会一生寻求原生家庭的庇护,无法成长为真正的"心智成人"。站在父母身后做"父母的父母"的人会一生被原生家庭牵绊,他们把自己活成了父母的照顾者,站在父母的背后,活在过去,而不是未来,他们没有当过真正的孩子。

也许有人会问,难道我们不应该孝顺自己的父母吗?孝顺父母,并不等于站在父母身后做父母的父母。如果我们能做自己,心在对的位置上,身体可以去任何一个地方。也就是说,只有我们在心灵空间里站在对的位置上,我们才能获得真正的自由。这样的我可以很明确:我不只是父母的孩子,还是一个妻子(丈夫)。父母需要我们照顾,但照顾不意味着位置的改变,我们只是优先选择了"父母的孩子"这个角色,但并没有放弃其他角色。所以说,站在第一位置做自己,去爱父母、孝顺父母,和站在父母身后做父母的父母并不一样。

通过生命坐标,我们会发现,很多人问题的根源就在于没有做自己。如果我们没有做自己,又做了谁呢?我们可以问问自己:你是妻子的丈夫吗,还是你只是父母的孩子?如果你只是父母的孩子,那伴侣在家里有位置吗?如果伴侣感受不到位置的话,他(她)会幸福吗?孩子会幸福吗?如果你是父母的孩子,那你是爸爸的孩子还是妈妈的孩子?当一个男人和妈妈走得太近,婆媳之间肯定会出现矛盾,因为这个男人的心里只有妈妈。但是当一个男人不认可自己的妈妈，他会对女性持有偏见，甚至无法平等看待女性，这同样也会困扰亲密关系。

这一系列的问题都能反映出我们的心灵空间状态。只有我们在心灵空间做自己，把自己摆在第一位置，才是最好的状态，我们才有可能解决关系中的一切困扰。

决定我们人际关系的因素有两个：

一个是童年时期和父母相处的模式，一个是童年时期对自己的认知。

与父母的关系

第十四章

在心理"铁三角"中，爸爸、妈妈和子女各占一角。我们常用心理"铁三角"来形容个体和父母之间的关系。我们每个人人生中接触的第一个人际关系就是自己和父母的关系。我们大多数人认识的第一个男人是爸爸，认识的第一个女人是妈妈。因此，和父母的关系是我们未来所有人际关系的基础。

爸爸、妈妈和子女的关系在心理学、生物学、遗传学角度，都是"铁三角"。从生物学和遗传学的角度看，我们生来携带父母的基因。每个孩子出生时并不是一张白纸，因为从一出生就已经携带着不同的先天因素。所谓的"白纸"，是指新生儿还没有自我意识，需要在和外在客体的互动中逐渐形成。可是事实上，我们每个人后天的发展潜能是受制于先天的基因能量的。

我们无论怎样引导兔子，它也不可能像小鸟一样展翅高飞，同样，我们无论怎样引导小鸟，它也不可能像兔子那样善于短跑。也就是说，所有生物生长和发展的原型是与生俱来的。无论在心理学还是生物学或遗传学上，爸爸、妈妈和子女的关系其实都是"铁三角"。从心理学这个角度而言，我们不仅要懂得如何理解并诠释这个原型，还要懂得如何转化并超越它。也就是说，如果我们天生是小鸟，就要做一只能飞得更高的小鸟；如果天生是兔子，那就安心地把兔子该做的、能做的事情尽可能做好。

第一节 父母的给予：男性力量与女性力量

想要超越，必须先有觉察，因为，首先，我们要有清晰的自我定位。"我"是由父亲、母亲两个客体组合而成的另一个客体，既然我们每个人的生命是由父母组成、传承而来，那我们每个人实际上从一出生就拥有男性力量和女性力量。觉察到这一点，我们才能有可能活得更开心、更有力量。

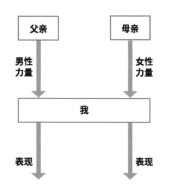

图14-1

我们有一半的生命能量是经由爸爸传承而来的，爸爸带给我们的是男性的、阳刚的能量，在未来和世界互动的过程中，我们会用这种力量去打拼、战斗。如果我们和爸爸的连接不够充分，或者从内心深处特别抗拒爸爸，那么每当我们需要用阳性力量的时候，就会产生很多内在对话，能量就会在这种自我纠缠中被消耗掉。

我们从妈妈这里获得的是温柔的女性力量，这股力量带给我们的是包容力、承载力、亲和力。我们可以设身处地想象一下，一个女性坐在我们旁边，和一个男性坐在我们旁边，哪个人会让我们更有安全感？一般来说，女性更容易和他人产生连接。女性的这种能量又称为"四两拨千斤的力量"，在某种程度上，女性正是使用了这一力量才能把男性吸引到身边来。如果我们能将女性力量运用得比较顺畅，我们的人际关系就会更加和谐，整个人也会更充满吸引力。

每个生命体的内在都具有来自父亲的阳刚力量和来自母亲的温柔力量。面对这两股力量，我们每个人面对的问题也是不同的。女性需要解决的首要问题是要诠释出妈妈赐予的那份女性的能量，因此要处理好和妈妈的关系。相应地，男性要处理好和爸爸的关系，才能诠释出爸爸所赐予的阳刚力量。但事实上，我们会发现，不管是男性还是女性，大多数人普遍都和妈妈的关系更亲密一些。

相比爸爸，我们和妈妈的身体有着更多的亲密接触，身体层面的亲密会直接影响心理层面的关系。在咨询室中我们常常发现，来访者对自己的伴侣有诸多不满和指责，深层原因往往是他们已经很久都没有和伴侣有过身体上的亲密了。想要解决心理层面的问题，首先要从身体层面入手。

心理"铁三角"分别是爸爸、妈妈和子女。因为我们每个生命体都是从妈妈的身体里分娩而来到世界上的，所以身体的共生导致我们在生命之初会更亲近妈妈。母婴关系是一切关系的基础。妈妈的女性能量让我们生存下来，感受到安全感，当走出与妈妈的共生关系后，才会运用爸爸给予的男性能量去奋斗、去面对世界。所以，"铁三角"关系是有先后次序的，一个人和妈妈的关系决定了他和这个世界连接的质量。家庭系统排列创始人伯特·海灵格曾说："没有妈妈就没有钱。"金钱其实是一个能量体，它是流动的。如果我们不能与妈妈实现情感的联结，散发不出吸引力，就吸引不到包括财富在内的各种能量。所以，我们通常会尤其重视和妈妈的关系。

第二节　能量卡点：那些施展不出的能量"卡"在哪里。————

在觉察自己与爸爸给予的阳刚能量，以及妈妈给予的温亲能量的联系上，我们可以思考几个问题。

我们体内的这两股心理能量，哪一部分更畅通？

哪一部分能量有卡点，很难释放出来？

在遇到挫折、需要战斗的时候，我们是如何应对的？

当我们需要和其他人连接，需要施展魅力吸引他人的时候，这部分的能量是否顺畅？

这几个问题可以帮助我们验证心理"铁三角"中的这两股能量，哪股更强一些，哪股需要学习才能变得更顺畅。

一般而言，孩子适应世界的能力比父母更强，因为孩子所接受的父母两方面的能量中，凝聚着父母的生存智慧，但是，很多人从小就面临着与父母的生离死别，这种亲子关系的中断也一定会给孩子的心灵留下创伤坑洞。他们为了找寻跟父母的情感连接，会一直把生命能量消耗在对父母的思念上，而不是运用好父母给予的能量去活得更好，这种爱就是盲目的爱。

他们其实可以从思念中获得一份资源，并带着生命能量走出来。比如可以尝试类似的疗愈性语言："原来我一直在用孩子的方式想念父母，用和父母在一起的方式想念父母，现在我决定用另外一种方式来想念父母。我对父母最好的想念，是把父母没有活好的人生加倍地活好，把父母没有在这个世界实现的愿望加倍地实现。我要以对父母爱的名义，去为这个世界做更多有意义的事情，让这份爱变得更有价值。"这就是智慧的爱。

父母与子女这个生命系统的目的只有一个，就是下一代比上一代活得更好——无论"铁三角"中的父母是健在，还是已逝。如果我们能在意识上建立这样积极的认知，心理能量就会慢慢地发生转变。如果亲人已故，我们不一定要哭得痛彻心扉或沉浸在痛苦中无法自拔，意志消沉。我们更应该化父母的祝福为自我祝福，用对亲人的爱鼓舞自己勇往直前，让自己的生命和人生更有使命感。所以，处理和父母的关系的最好方式，是把父母给予的生命能量用来支持自己转身面向现在和未来的生活，在现在的人生中多做一些有意义的事情，去爱得更有智慧、更有觉悟。

很多成年人出现人际关系障碍，源自童年期亲子关系的中断。亲子关系出现中断，一种是父母离开，一种是父母认知不足，错误的育儿方式导致亲子连接出现问题。而且，后者更普遍。我们每个人对父母的印象都是在童年时期刻画出来的，因此并不真实，孩子会基于自己的感受和认知形成对父母的印象。我们可以试着挑选一些词语来形容妈妈，再挑选一些词语来形容爸爸。仔细比对会发现，我们用来形容爸爸妈妈的词，和形容自己的词高度吻合，这也是心理"铁三角"带来的结果。也就是说，当我们还没有自我意识，或者自我意识薄弱的时候，我们其实是用对父母的刻板印象来塑造自己的人格。所以一个人存在人际关系障碍，无法和他人亲近，可能是由其和父母之间的关系作用的。其对父母的认知，决定了其对自我人格的塑造，进而决定了其人际关系模式。

　　我们大多数人都对自己的父母有着天然的亲近感，但在后天互动中，我们会基于经验形成靠近谁、远离谁的认知。比如你想亲近爸爸，可他性格暴躁，于是你会躲着他。这种心灵和认知的冲突会导致身心不一致的状态出现。长大后我们会将这种身心不一致带到关系中，表现在我们明明很想和人亲近，可是理性告诉我们最好还是和这样的人保持一定的距离。或者，我们明明感觉到反感，却强迫自己非要和对方亲近。身心不一致会导致我们在人际关系中产生疏离感。在和别人交往时，如果我们的认知和感受没有统合起来，就可能出现这种内心冲突：我到底是该听从于我的感觉，还是听从于理性的判断？这也是我们要训练和潜意识的沟通，训练自己如何能够身心一致地和别人交往的原因。学会身心一致，我们才能尽量放下防御，用更高级、更成熟的方式和别人相处。

　　拿一张纸举例，如果挡在你和他人之间的是一张纸，你会怎么做呢？你可能要么捅破它，要么躲开它。前者是破坏性表达，后者是逃避性表达。两者都不可取，都是不够艺术的人际交往方式。幽默是一种很高级的防御，我们要学着幽默地绕过这张纸去和对方交流，这样既能靠近对方，又能在必要时很自如地离开。

　　总之，决定我们人际关系质量的因素有两个：一个是童年时期我们和父母的相处模式，这是我们成年后和他人相处模式的原型；另一个是童年时期所形成的自我认知。前者是我们和父母的关系，后者是我们和自己的关系。就像我们反复强调的，心理学很简单，只需要研究三个人就可以，也就是"我"、父亲、母亲；心理学很简单，只需要研究两个人就可以，也就是母亲和"我"；心理学很简单，只需要研究一个人就可以，也就是"我"。我们和父母之间的关系，其实最终形成的都是自我关系。我们是怎么和自己连接的，就会怎么和他人连接；我们如何和自己"隔离"，就会在人际关系中如何与他人"隔离"。

经过有意识的训练，我们就会感受到存在于自身的力量，无论是男性的力量还是女性的力量。如此，我们的自我才会完整，关系才会和谐。

第三节　健康心理"铁三角"：每个孩子都能得到完整的爱。——

其实，不仅是父母早逝的孩子会有人际障碍，出生在多子女家庭中的孩子也有着关系方面的困扰。他们的感受是父母不是百分百和自己在一起，而是和所有孩子在一起。自己不是唯一的，不是最重要的，他们会烦恼于自己被人群"淹没"和"吞噬"。压抑久了，他们还会有愤怒的情绪，越不被重视就越敏感，越想凸显自己。这类人需要修复的是自卑感，也就是如何建立高自信、高价值感，只有这样才能更能表现自己。他们的所有情绪和行为都是在表达：我不想被"吞噬"、被"淹没"，我想做我自己。他们内心未被听到的声音是：我是父母最独特的孩子，我可以是唯一的，我和其他兄弟姐妹都不一样。

对多子女家庭的父母来说，要避免孩子出现这样的情况：每个孩子都觉得自己不是唯一的，都缺乏较高的自我认知，都觉得得不到父母足够的关注。其实，心理"铁三角"视觉化的形象应该是这样的，父母将生命能量传递给孩子，孩子不断感受到父母给予的能量，并把自己的关注点面向未来。孩子会通过父母来认识自己，如果父母给他的反馈都是"你是优秀的，我们是爱你的，你会活得比我们更好"，那这个孩子就会感觉未来的自己是优秀的、更好的，会比父母更幸福。我们可以把这样一个健康"铁三角"的模型放在自己的潜意识里。但事实上，很多人在和父母相处的过程中有很多冲突，和父母的连接中也有很多不顺畅的地方。所以，在这些冲突和卡点没有得到重视和解决之前，被"卡"

住的能量无法得到有效疏通，个体也没有办法轻松地面向未来。

如果我们执念于父母如何错误地对待自己，执念于父母对自己造成的负面影响，我们只是纠缠在过去，永远无法面向更好的自己。我们每个人潜意识最核心的需求，都是更有力量地面对未来。因此，我们做的所有和父母相关的工作应该致力于带着父母给予的力量活出更好的未来，而不是将应该伸向未来的双手再次伸向过去的父母，去纠缠、消耗自己。

如果多子女家庭的父母不懂得给予每个孩子一份完整的支持力，孩子就会觉得自己的兄弟姐妹分走了父母对自己的关注和爱。当他们面对父母时，心里就会产生疑问："父母到底更爱谁？"如果父母的爱是100分，孩子们就会想："分给我的到底是30分还是50分？"但事实上，父母对每一个孩子的爱在本质上是同样多的，都是100分的爱。

每一个孩子都从父母那里得到了完整的生命、完整的爱。因为从生物学角度上说，每个人都得到了父母双方的基因，父母结合形成的每个细胞都是完整的。只不过，很多父母在教养孩子的过程中会给孩子一种错觉，使孩子以为自己从父母这里得到的不是完整的爱。但事实上，父母产生爱的能力，会随着孩子的增多而变得越来越强。原来有一个孩子的时候，父母的爱是100分，当父母有了两个孩子、三个孩子，他们的爱也会同步增加，变成相应的200分、300分。所以，多子女家庭的父母一样有能力让每个孩子都感受到100分的爱。

对于多子女家庭的父母而言，还有一点要注意，即当孩子们在一起的时候，父母最好少参与。因为在家庭系统理念中，父母是一个系统，兄弟姐妹是一个系统。一旦父母参与进来，孩子们就会比较谁在父母那里得到了更多的爱。即便是参与，父母也要少评判对错、是非。父母想要好好爱孩子，就应当尽量给孩子制造建立心理"铁三角"的机会。也就是说，父母需要给每一个孩子专属的陪伴时间，以给予特别的、专属的关注，让孩子感受到他是优秀的、独特的，爸爸妈妈是永远支持他的。这样专属的亲子时刻，哪怕只有短暂的5分钟，也能让孩子感觉到此刻在父母的眼里只有自己，自己是被"看到"的、被关注的。

第四节　接受父母法：我们无法改变父母，却可以改变对父母的认知

学习心理"铁三角"，可以帮助我们对自己和父母的关系形成更清晰的认知。但是，了解这些并不是我们的最终目的，我们的目的是转化这种认知，重塑内在的父母形象，从而从与父母的关系中汲取到爱和支持的力量，以更轻松地面向未来。

这应该是我们在18岁之前就应该完成的心理工作。但事实上，我们身边的很多人一生都在无意识地整合这些能量。我们没有办法改变父母，却可以改变自己对父母的认知。我们没有办法让父母智慧地传递给我们没有"赠品"的爱和力量，却可以靠自己的力量将这份爱和力量拿回来。接受父母法可以帮助我们更好地实现这一点。如果我们将自己比喻成一棵大树，那我们平时所做的信念层面和认知层面的练习，就如同是在对树干和树叶做工作，而接受父母法则是在树根部分做工作。

如果我们所做的心理工作仅仅触及父母这个层面，虽然深入到了根部，但依然无法触达最深层的根部，因为最深层的根部是父系家族系统和母系家族系统。但是通过接受父母法，我们就有可能打通父系和母系这两个系统的管道，让更多的生命营养流向我们自己，让自己成长为一棵更苗壮的大树。这样，我们不仅自己有力量经历风雨，还有力量为别人遮风挡雨。

接受父母法练习

1.准备、连接。

2.现状、感受、表达。

3.引导词导入。

4.拿到爱和力量，面向未来。

这个练习可以由两个人一组进行角色扮演，一个做引导者，一个做练习者，也可以在安静的环境下独立完成。正式的练习是：想象自己父母的形象，把心理"铁三角"的关系在内在呈现出来。通常，接受父母法这个练习是针对亲生父母做的。如果孩子生活在重组家庭或领养家庭，没有办法想象亲生父母的样子，甚至没有见过亲生父母，也仍然可以在自己的内在通过直觉感受亲生父母的形象。因为孩子这棵树是无法借用他人的"根"的，只能是亲生父母。

第一步是准备、连接。这是非常重要的一步，我们要放松下来，与潜意识连接，去感受内在的感觉。我们的情绪体验与感觉紧密联系，所以转化工作也要有感觉的参与。我们此时要有意识地保持对潜意识的觉察，让自己在潜意识层面和父母有情感的连接和流动。

如果是引导者和练习者两人做练习，那么练习者不仅要和自己的父母有情感上的连接，还要建立和引导者之间的连接，甚至是和他的心理场域的连接。如果这一步连接好了，后面的过程都会很顺畅。在咨访关系中也是一样，咨询师要把自己调整到和来访者一致的频率，使双方的感受能够同频共振。催眠中有一个有效的方法，就是让咨询师和来访者共同呼吸，呼吸一段时间后，双方的身体节奏就趋于一致了。我（徐秋秋）的性子偏慢，每当给男性来访者咨询的时候，我就会调整自己，使自己表现出更多的男性力量，以便对方更加接受我。因为这样，他会感觉自己不是在和一个爱唠叨的妈妈在一起，而是和一个跟他一样有力量的人在一起。这也是我们前文提到的先跟后带技巧。我们要跟的不仅是语言，而是整个生命状态的节奏感。

第二步是现状、感受、表达。 也就是说，我们要表达情绪和情感的现状，表达自己与父母在心理上的真实状态。总之，我们要自由地表达，把内心想对父母说却一直没有说出口的话说出来。当我们在面对父母时，往往还未开口，心中的情感先涌动起来。事实上，我们理性上最抗拒的人，反而是心里最重视的人。前文我们也提到，我们的身心常常不一致。在这一步，我们就要搞清楚自己真实的状态到底是什么样的？我们和父母之间的连接究竟是怎样的？我们在父母面前的情感涌动究竟是源于什么？在这个过程中，我们可能会出现一些退行的状态，比如无助到大哭，这都没关系，后面还会有转化的工作。我们做练习并不是只为了哭一场，而是在情绪表达后能理性地认识到自己是怎样成长的，以及下一步应该怎样转化。这样，我们的身心变化才能趋于一致，理性和感性也能同步改变。

第三步是引导词导入。 在这一步，我们在内心对父母表达一些转化性、支持性的语言后，实现和父母情感层面和身体层面的连接，进而从父母身上得到力量，重建更富有智慧的"铁三角"关系模式，以更有力量的方式面向未来。

第四步是拿到爱和力量，面向未来。练习结束的画面是一个面向未来的"铁三角"，这个"铁三角"呈现的状态是父母站在身后支持我们。后两步的具体操作，我们会通过一个案例详细呈现。

完成这个练习所需要的时间因人而异，有些人可能在练习中会产生强烈的情绪反应，需要表达的内容特别多，所以完成的时间就长一些。引导者一定要留意，如果练习者确实需要时间来表达自己的情感状态，或者需要时间来疏解情绪的卡点，那引导者要有耐心，等待练习者完全释放。但如果练习者陷入哀怨中，一直抱怨父母的行为，那引导者就要及时叫停。并且，引导者可以根据练习者的表述，引导他把隐藏在心中、没有表达出来的真实想法表达出来，用一两句话客观阐述事情即可。

如果是独立练习，那可以只做后两步。因为前两步练习容易激发退行的状态，个体独立练习时往往很难应对这种情况。当然，在心理咨询中，咨询师会带领来访者完整地做完这四步。因为前两步练习有助于判断来访者目前的状态到底是怎样形成的，以及他的心理"铁三角"能量状态存在怎样的消极面，进而找准切入点。

如果是小组练习，可以四个人一组，其中一个人做引导者，另外三个人分别扮演爸爸、妈妈和孩子。这时候要格外注意"铁三角"的位置，爸爸要站在妈妈的右边，因为在心灵空间上右边是更有力量的一方。孩子一开始和爸爸、妈妈面对面站着，爸爸在孩子的左前方，妈妈在孩子的右前方。孩子转过身以后，爸爸在孩子的右后方，妈妈在孩子的左后方。在心理"铁三角"关系中，父母永远都在身后支持我们面向未来。

做练习的好处就是我们既有机会做来访者，又有机会做咨询师。这样，我们就能从两个不同的角色来获得练习给予的支持力。这有助于我们从理性层面和感性层面去领悟心理"铁三角"的内涵，并应用于实际生活中。

要注意，接受父母法练习最好先只做一次，隔一段时间后再做下一次，不要连续做两次。因为我们的潜意识有疲惫期，需要"消化"的过程。练习虽然只有十几分钟，却浓缩了我们人生几十年的情感经历、心结。这也是为什么在心理学的课堂上，我们似乎没有做什么却感到很累的原因。做完练习，我们再和父母相处时一定会有新的体验。我们能在与父母的相处中充分体会心理"铁三角"的意义，感受与父母的情感连接，我们生活的其他方面也会因此而发生积极变化。

实操举例

个案问题：心疼妈妈的付出

个案：我很心疼妈妈。

导师：你可以试着表达出来："妈妈，我很心疼你，你为这个家付出很多，也很辛苦。"如果你把妈妈定义为一个辛苦的角色，就会认为做妈妈和做女人是辛苦的。这样每当你转过身感受妈妈给予的支持时都会有一种沉重感。

　　个案：我感到妈妈很懦弱，不敢争取自己想要的，每天只知道忍。所以我很想保护妈妈，我努力活得坚强，但是也很累。

　　导师：如果是这样，你和妈妈的角色就互换了，孩子变成妈妈，妈妈变成孩子。这样的话，你作为孩子的脆弱和对温暖的需求就很难表达出来。试着对妈妈说："妈妈，原来我爱你的方式就是让自己坚强。其实我也很脆弱，我也没有那么坚强，我也需要你来保护我，我也需要妈妈。当我脆弱的时候，不敢让你看见。我越爱你，就越变得很累。"

　　（这时，导师选择另一位个案代表妈妈）你可以慢慢靠近妈妈，把头放在妈妈肩上。想象自己回到婴儿的时候，不需要也没有能力帮妈妈的时候，没有办法坚强的时候。我们会发现，原来妈妈是有力量来爱我们的。我们太小看自己的妈妈了，每个妈妈在生孩子的时候都不是脆弱的。现在，去体会这种完全被妈妈支持的感觉，这种身体层面的支持比言语的支持更有力量。

　　只有当妈妈支持孩子的时候，孩子才会更踏实。只有妈妈的爱流向孩子，而不是让孩子的爱以逆流的方式流向妈妈，妈妈才会有更多祝福的力量流向孩子。（接下来就是引导词导入）你看着妈妈的眼睛，慢慢地从心里面听着引导词，把那些压抑在心底的话表达出来：

　　妈妈，您是我唯一的妈妈，也是最有资格做我妈妈的人。现在我完全接受您是我的妈妈，完全接受您给我的一切，也接受因此而需要付出的代价。妈妈，请您接受我作为您的孩子，我的生命经由您和爸爸传给我，这里面已经包含我需要的全部爱和力量。即便我有其他需要，我也能运用你们给我的力量来想办法获得。妈妈，我知道我的人生路不会平坦，但无论途中我经历怎样的挫折和伤害，你给我的爱、力量和支持已经足够让我去直面、去成长。

妈妈，我会做很多好事，让你以我为荣。我已经有了自己的家庭，把生命传承下去。我会照顾好我的家庭，拥有成功、快乐的人生。请允许我用这样的方式来表达对您的爱、感谢和崇敬。妈妈，我能为您做的最好的事，就是把您放在我心里最重要的位置。在那里，您每天都知道我做的好事，我也每天都感受到您对我的爱和支持。妈妈，谢谢您，妈妈，我爱您。妈妈，您为我做的最好的事，就是给我了生命，还一直祝福着我，谢谢妈妈。

这些引导词引导个案实现了从过去到现在再到未来的转化。个案能从这个过程中重新获取妈妈给予的爱和力量，并借以帮助和支持自己更好地面对未来。所以，爱父母不是支持父母改变自己的人生，而是借父母的爱让自己活得更有力量、更有价值。

练习的最后可以引导个案用一个鞠躬的仪式去接受妈妈给予的生命和爱。鞠躬的时候，整个身体放松，头和双臂自然下垂，这代表着臣服。如果身体还承受着妈妈的负担，也可以将这些负担交还给妈妈，因为孩子没有资格承担这些，他们只有资格把妈妈给予自己的生命照顾好，这就是孩子能为妈妈做的最好的事。

完成对妈妈的爱和力量的接受，可以再来与爸爸的爱的力量和解。全都完成后，孩子对爸爸妈妈鞠躬，然后带着来自双方的力量，来到爸爸妈妈中间，转过身背对他们。爸爸妈妈可以把手放在孩子的后肩，注意不是压在上面，而是做推动状，然后对孩子说："爸爸妈妈相信你会活得比我们更好、更优秀。"孩子可以闭上眼睛，去感受爸爸妈妈给的祝福，然后带着这份祝福向前迈一步，去拥抱未来的自己。

我们要知道，所有的父母其实都是爱和祝福孩子的。即使有些父母嘴上没有表达过，内心深处也一直在表达着对孩子的爱和祝福。所以，我们只要和父母连接，就能接收到这份爱和祝福。另外，我们也可以学着让这种外在的祝福变成自我祝福，把对父母渴望的声音都内化成对自己的声音。也就是说，我们要做自己的内在父母。我们没办法改变父母，却可以让自己变成最希望父母成为的样子来重新养育自己。否则，我们就可能把这种需求投射在他人身上，比如伴侣，并且会因为对方没有表现出我们心中理想父母的样子而痛苦。与其指望别人，不如依靠自己。所有外在的关系困扰，最终的解决之道都在于自我关系的转化。

我们需要不断地克服自己的内心对话，关系中最核心的人是自己，要学会对真实的自我进行肯定和欣赏，这样才能有更高的自我价值感。

第十五章

与自己的关系

与自己的关系就是自我价值感，即"我"对自我的认知。如果我们有高自我价值感，那么"我"就可以和自我互相支持、互相协商，共同做一些有力量的事。可是如果我们的自我价值感很低，就没有勇气展示真实的自我。当我们对真实的自我置之不理时，自我就会一直被我们滞留在过去的时空里，以此形成低自我价值感的内在画面，并被演绎到现在的人生中。

每当我们和别人相处，头脑中首先出现的就是这幅图画。外在表现就是：要么行事夸张，提前给别人打预防针，告诉别人"我很强，不要惹我"；要么就是攻击自己，贬低自己，并去讨好别人。不管是炫耀还是讨好，其都基于同样的内在图画——低自我价值感。如果自我价值感较低，我们需要不断地克服自己的内心对话，学会对真实的自我进行肯定和欣赏，这样自我价值感才会提高。

第一节　自我价值感：形成于与客体的互动

在生活中我们会发现，有些人可能长得很普通，却非常自信，会主动地建立人际关系；有些人明明长相出众，却从不敢主动表现自己。有些人学历不高，却不会因此否定自己；有些人学历很高，却会对自己有诸多否定和自我怀疑。一个人的自我价值感是在独立自我还没形成时，在和客体互动的过程中形成的。也就是说，我们是通过"重要他人"看我们的眼睛来认识自己的。那一个人的自我价值感是从什么时候开始变低的呢？如果自童年时期起，一个人被指责"淹没"，被优秀的兄弟姐妹"吞噬"，被评价为不漂亮，不被"重要他人"认可，那么，他就会形成低自我价值感。

我们可以通过两个人对视的练习来体验一下。A用一种蔑视的眼神看着B，扬着头，目光向下看，表现出一副嫌弃的模样。B在这样的眼神注视下，很快就会产生很多内心对话：一定是我不够好，一定是我哪里做得不对。孩子就是通过这样感知"重要他人"的眼神来形成自我价值感评价的，眼神是无声的语言。如果我们用一种平等、接纳、欣赏、温情的眼神看着孩子，孩子也能够感受到平等、接纳、欣赏和温情。所以，一个人的自我价值感是从身边"重要他人"的眼中获得的。

在斥责声、否定声中长大的孩子，会有很多负面的内心对话：我是不是不够好？是不是做错了什么？每当他要建立一段新关系的时候，他的内心首先涌现出来的都是这些负面对话。带着这种负面对话去行动，那么结果恰恰也会印证这种低自我价值感。我们可以问自己一个问题：是自信的孩子多还是不自信的孩子多？如果我们的答案是自信的孩子多，这往往也是因为我们本就是自信的人。事实上，每个孩子在和成人交往的过程中都会有一些自我判断的内心对话。从物理距离上看，在孩子眼里，成年人看孩子时眼睛都是高高在上的，这样的俯视眼神会让孩子很有压力，孩子会评判自己哪里做得不够好，并会习惯性地为了被欣赏而努力做得更好。

第二节 低自我价值感的表现：讨好、炫耀、嫉妒、折腾

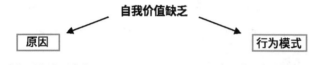

自我价值缺乏

原因	行为模式

原因
- 成长过程中被忽视
- 被否定、不被接纳
- 没有形成自我
- 不知道内心的需求
- 用否定自己的方式表示对别人尊重

行为模式
- 故意做些出格的事显示自己的力量
- 不劳而获，偷盗、赌博
- 诋毁、嫉妒、伤害他人的行为
- 随意承诺
- 炫耀自己拥有的
- 不懂得尊重自己与他人（无界限）

图15-1

自我价值感低的成年人常会有一些外在行为表现，比如放低姿态讨好别人。但事实上，讨好的目的是为了让别人"看到"自己，获得别人的关注、认同和接纳。所以，讨好型的人想得到的东西比讨好别人所做的付出要多很多，这是一种有偿付出。如果我们身边有一个讨好型的人，可能会有一种被掏空的感觉，就好像有一个坑洞在吸附我们的能量。如果我们不给他一点东西，就会有亏欠感。

通过讨好，讨好型的人确实也能得到自己想要的，只不过这不是自给自足，而是依赖于放低姿态乞求别人给予。一旦得不到满足，他们就容易产生怨恨情绪。

我们在生活中也常碰到喜欢炫耀自己的人，一直在强调自己过得多好、多幸福、多成功。其实这也是低自我价值感的表现，这类人的内心其实是匮乏的。一个人越是炫耀什么，越是说明自己没有什么，所以才用外在的物质来"武装"自己。遇到这类人时，我们不要去夸他，因为夸赞就是对他的配合。我们可以尝试直接进行认知对峙：当你炫耀的时候，你内在匮乏的是什么？

嫉妒心重的人自我价值感也比较低。嫉妒，其实是把别人放在一个比自己高的位置上比较，这是自卑的表现。这类人不懂得怎样提升自我，也不会自我肯定，所以就用嫉妒和诋毁的方式把别人拉低到和自己一样的位置，以获得心理上的平衡。

低自我价值感的孩子往往会做一些出格的事情，比如抽烟、上网、拉帮结派。这些孩子从小都没有被"看见"过，所以为了获得关注，他们会努力折腾，做一些引起别人关注事情，在他们看来，哪怕是负面关注，也比被无视好。我接触过不少这样的案例，很多父母因为孩子逃学或和同学打架而被叫到学校谈话，这些父母的共性是没有时间关注孩子，他们要么忙于工作，要么忙于处理夫妻问题，比如离婚。他们忙于自己的生活，完全忽略孩子的内心，所以孩子就会通过折腾来求关注。

第三节　自我价值感的来源：成功事件和得到肯定

我们每个人都可以给自我价值感评分，评估标准一般基于两点：第一是成功事件，第二是得到肯定。如果我们是父母，就可以通过这两点来有意识地塑造孩子的自我价值感。首先，为孩子制造独立做事情的机会，使其通过成功完成某件事来提升内在价值感。现在很多家庭都是6个成年人围着一个孩子转，孩子自主做事情的机会越来越少，在这种环境中长大的孩子可能也有很高的自我价值感，但他们的自我价值感并不是靠自己的成功经历建立起来的，而是在虚伪的夸赞中膨胀起来的。这样的自我价值感经不起现实的考验，因而是伪自我价值感。

其次，给孩子及时的肯定。如果我们对孩子的批评言语过多，会导致孩子的自我价值感低。我们的传统文化强调谦虚、低调，不鼓励过分自我表扬。但事实上，真正的谦卑是建立在高自我价值感的基础上的，建立在高自我价值感上的谦卑才是有力量的谦虚。但是有些人为了表现得谦卑，总会放低姿态讨好别人，这种讨好并没有让对方感到愉快，反而会激发对方的不配得感。也就是说，一个自我价值感低的人会让身边所有人都感觉到自我价值感被降低了。所以自我价值感是会传染的，它会变成我们人格里的一种能量。一个自我价值感高的人在表扬自己的时候，每个在场的人都会感受到一种积极的能量。

成年人想要获得更高的自我价值感，首先需要的是行动力。只有在现实中做到了，我们才能真实、客观地进行自我肯定。那么，做不到的时候怎么办？我们小时候学会的是做不到时就进行自我攻击，因此成年后也会无意识地用这样的方式对待自己，这就是我们的自我价值感不停受损的原因。

高自我价值感源于我们在18岁以前能够得到至少5000次的肯定，即平均每天获得1~2次肯定。然而，我们在成长路上每天得到的往往不是肯定，而是负面评价。因此，如果我们想要提升自我价值感，首先需要做的就是通过自我肯定来弥补童年时期肯定感的缺失。

孩子依赖重要他人来获得肯定，而成年人更需要自我肯定。很多来访者来咨询的时候都是自我价值感受损的状态，如果咨询师比较强势，呈现的多是批判性的态度，来访者就会越发感到自我价值感不高，他做出的改变都是基于"我做错了""我不够好"这样的认知。所以，好的咨询师，首先要有肯定别人的能力，无论来访者把生活经营成什么样子，咨询师都要肯定他的动机，让他感受到自己的本意和目的是好的，只不过行为是无效果的。

这样，他的自我价值感和外在行为就被区分开了。也就是说，一个人的自我价值感是值得被肯定的，而行为也是可以被修正的。通过这样做，咨询工作也相应地分成两部分，首先与来访者的自我价值感连接，给他注入欣赏、肯定、认同的能量，然后再去修正行为。心理咨询就是在做无形的能量层面的工作，当咨询师这样关注来访者时，就可以清楚了解他的自我价值感是否充足，他和父母连接的能量状态是否顺畅。

第四节 接受自己法：整合内在自我关系

作为成年人，我们想要提升自我价值感，就不能依赖他人，接受自己法可以帮助我们更好地做到这一点。在做自我接受法练习之前，我们首先要探究自我价值感低的表现，比如退缩、不自信、无力感、孤独等。之所以先探究这一部分，是因为我们在做练习时需要核对这些表现的原型在哪里。通常，一个人的内在呈现的画面和其外在生活状态是匹配的。

我们的潜意识里储存了很多画面，我们看世界的眼睛其实都是基于这些画面。一旦我们在现实生活中遇到和内在存储画面同样的场景，相同的感觉就会被调动出来。因此，内在画面和感受是我们进行自我探索的两个重要信息。在进行心理咨询过程中应用这个练习时，如果来访者感到不舒服，不想继续探索这幅画面，他随时可以叫停。叫停可以给来访者一个心理承受的预设，他会知道"我是被允许的，我有自主叫停的机会"，这一点对特别自卑、容易退缩、能动性差的来访者来说尤其重要。因为他们通常会完全听从咨询师的话，而且会在咨询过程中出现退行状态，这时转化就会有难度。所以咨询师要让来访者感受到他自己是被尊重的，从而能更放松、更有安全感地去进一步探索。

接受自己法练习

1. 呼吸放松，与潜意识沟通。

2. 想象一个"成长中的自己"，去看、去感受对方的表情、姿态和状态。

3. 与"成长中的自己"对话："我是长大以后的你，你就是曾经的我，我'看到'你了，现在是时候让我们在一起了，这样我们会接受自己，更爱自己，更多一分力量。"

4. 与"成长中的自己"拥抱，说一些只有你们自己知道的事，想象"成长中的自己"变成一股能量与自己完全融合在一起。

5. 打破状态，效果测试。

　　所有关于内在的探索都要在身心舒适的状态下进行，所以我们可以先按自己喜欢的方式放松，比如闭上眼睛做几次深呼吸。在放松身心的同时，想象额头有只眼睛正在向内在探索，这只眼睛和我们正在使用的向外看世界的眼睛有些不同。

　　外在的一切，不管是声音还是感觉，都在支持我们更好地看到自己的内在。我们可以再做两次深呼吸，让内在的眼睛更放松、平静地进入身心。我们可以"扫描"身体还有什么地方不够放松，而且完全有自主性地允许自己更舒服一些。

　　当我们感觉到身体的每一个部位都很舒服时，就可以深入感觉一下身体的哪个部位和心脏连接得最近。

比如我们感到和心脏连接最近的是肩膀，并且同时看到了一些很累的画面，那就试着对肩膀说："我感觉到你了，平时你挺辛苦的，现在我允许你放松下来。谢谢你一直为我努力，一直在支持我。"说完之后，我们可能会感觉肩膀更放松了，也能把注意力放到心脏的位置上。这时我们可以试着去跟潜意识对话，对它说："潜意识，谢谢你的支持和照顾，接下来我想做一个练习，这个练习能更好地帮助我爱自己、接纳自己，在未来的人生更有力量。我需要你的支持，你愿意吗？另外，这个练习是很安全的，我随时都可以叫停。"

我们不仅在做这个练习之前可以这样和潜意识沟通，平时做任何事情之前都可以这么做。只有当潜意识感受到尊重和安全感，才能完全开放，配合我们的言行。接下来，想象一个画面，比如在过往的成长经历中有一个渴望被支持的"成长中的自己"。这个"成长中的自己"在需要支持的时候被我们忽略并压抑到潜意识中，现在我们要允许潜意识将这些被忽略的、被压抑的信息呈现出来。当我们用内在的眼睛看"成长中的自己"时，要有耐心，潜意识给什么信息，我们就接受什么信息，不需要刻意去操控它。我们也可以耐心地和潜意识沟通："请你给我点信息。"

内视觉是需要训练的。所以在开始练习时，你可能难以看清楚内在的画面。这没关系，你可以试着去感觉在过去的时空里面曾经有一个孩子，如能感觉到孩子的年纪，那最好不过。但是如果是做心理辅导的工作，内视觉的发展往往是非常重要的。一个有视觉画面感的咨询师进行心理疗愈时会更加卓有成效，比如萨提亚女士在做家庭治疗工作时效果会很好，就是因为她培养了良好的内视觉画面感。

在咨询工作中，如果来访者难以形成画面感，我们可以帮助来访者画一幅过往的图画，引导她想象小时候的自己是一个什么样的小女孩。如果来访者说"那个小女孩是孤独的"，咨询师可以告诉她："你把那个小女孩锁在一个空间里，这个空间里没有别人，所以你才会孤独。"如果来访者说自己是一个"缩在角落里的小女孩"，咨询师也可以顺着她的感觉说："现在你想象着把那个小女孩从角落里领出来。"有时候也可以借用一些玩偶，让来访者想象这就是小时候的自己，并引导来访者把玩偶从那个房间里抱出来。这个特殊的动作实际上也意味着接受自己法在一定程度上已经完成了。

另外，我们的内在画面不一定都是消极的。如果是童年欢乐的内在画面，这也许是潜意识在提醒我们："你是不是已经丢掉快乐很久了？"因为当下的自己并不快乐，所以潜意识会给我们一个快乐的、真实的、童真的自己，让我们和快乐的自我连接。或许，成年的我们可能约束自己太多了，让快乐的、最真实的自己压抑在了潜意识中。在为人处世的过程中，我们必然会压抑自己，去适应外界需求，而且文化、教育、道德、法则的要求也会对我们的言行有所制约。我们固然要考虑外在的需求，但不能一味压抑本真的自己。偶尔让自己做个顽皮的"孩子"，对自我发展反而更有利。

接受自己法操作起来相对简单，它处理的主要是我们内在被压抑在潜意识中的那些画面。通过这个练习处理好这些画面，让画面内容有改观，我们再处理自我关系和人际关系时就能更自如地表达自己，让内心变得更有力量。

实操举例

个案问题：父母更疼爱哥哥

个案：我看到的画面是，妈妈和哥哥远远地站在一边看着我，我只有七八岁的样子。我看到妈妈对哥哥的宠爱，给哥哥买好吃的食物、好看的衣服，却对我漠不关心。虽然爸爸很心疼我，但他不是一个善于表达感情的人。"成长中的自己"既羡慕哥哥、害怕妈妈、渴望爸爸的疼爱，却又不知道怎么表达这些感受和渴望。她只能手足无措地站在那儿，还想偷偷地看妈妈是怎么疼爱哥哥的。我的腹部有点儿堵的感觉。

导师：其实，这就是一幅潜意识的内在画面，这幅画面可能会影响你现在的生活。无论七八岁的你做得怎么样，都没有得到欣赏，反而被斥责。这对你来说是一件很辛苦的事，但你依然可以尝试做一些工作来消除这幅画面造成的影响。首先，正是因为"成长中的自己"付出的所有努力，才会有现在这个"长大的自己"。"长大的自己"不会像爸爸、妈妈和哥哥那样对待小时候的自己，对"成长中的自己"来说，最重要的人是"长大的自己"。

你可以凭着想象来到小时候的空间，去靠近那个躲在角落里的"成长中的自己"，试着把她"拉"出来。（个案反馈：她不想出来，死死地抱着柱子）"拉"不出来是因为她内在的感觉还没有表达出来，那就先放一放。你可以想象自己蹲下来，和"成长中的自己"靠得更近一点，从她的视角中去看妈妈、哥哥和爸爸，在身后支持一下她，试着对她说："现在我能理解你，也能支持你，把你没有表达出来的脆弱表达出来，请给我们一个机会。"

当"成长中的自己"得到支持并有力量表达的时候，她真正想对家人说的是："妈妈，其实我也很优秀。你只看到哥哥，但我也是你的孩子，请你看看我吧。妈妈，我感觉你偏向哥哥，你可以偷偷地偏向哥哥，请不要在我眼前偏向哥哥，这样我会很难过，我都怀疑我不是你亲生的。我从小就没有得到过夸奖，而我已经很努力了。我很累，我做了那么多，你却都看不到。我多渴望你能搂着我，抱抱我，看着我，或者给我买件新衣服。别的小朋友都有新衣服，我没有，我都是穿哥哥穿旧的衣服。妈妈，当我脆弱的时候，我想要妈妈。"说完这些，对妈妈又有什么新的感受呢？

个案：其实妈妈过得也不容易，她和爸爸很少沟通。哥哥学习不好，比较让人操心，所以妈妈会把更多精力放在哥哥身上。相比之下，我成绩更好一些。没有新衣服是因为家里没钱，所以只有等哥哥的衣服穿小了才能给我穿。

导师：事实上，你才是更优秀、更让妈妈省心的孩子。或许你的妈妈作为一个女人，她小时候也没有得到足够的爱，不懂得爱自己，因此她也不知道怎么爱女儿。通常妈妈对女儿的态度，都是妈妈对自己的态度。现在请你试着来到"成长中的自己"那里，对她说："我是长大以后的你，你是曾经的我，现在我来看你了。谢谢你，因为你付出那么多努力，才有了今天的我。我代表我自己，谢谢你做出的那些努力。不论别人有没有欣赏你，那都不是最重要的。重要的是我知道你做了什么样的努力，你是个很优秀的孩子，现在我来欣赏你。"

个案：当我这样说的时候，小女孩睁大眼睛打量我，还很兴奋地问："你真的是长大后的我吗？我竟然活得这么好，这么优秀！"

导师：继续对她说："妈妈没有学习过怎么更好地支持孩子，甚至从来都没学过怎么爱自己，她又怎么能知道如何才能好好地爱孩子呢？妈妈已经做了最大的努力，所以从现在开始，我们来学习怎么更好地爱自己、肯定自己。我依然需要你的支持，你愿意吗？你是时候该属于我了，我不会把你放在这个过去的空间。"

你试着想象张开双臂，对"成长中的自己"说"欢迎你回来"。这样，我们就把"成长中的自己"从过去的画面中带出来，想象和"成长中的自己"拥抱在一起，然后可以和她说一些悄悄话："我就是长大的你。"你也可以去感受一下这个七八岁的小女孩有哪些被忽略的、没有被重视的特质，然后感谢她拥有这些美好的人格特质，谢谢她能支持自己一直向前走。你去告诉她："未来我会更加倍地爱你，让这些优秀的品质在我的人生中更多地绽放出来。"

　　你可以一边和"成长中的自己"对话，肯定她，一边想象她身上还有很多美好的特质等着你发现。想象这个小女孩开始变成各种各样美好的能量，比如五颜六色的光、美丽的花，这个"成长中的自己"开始融进自己的身体里。想象着打开自己的心，把"成长中的自己"放在心里最重要的位置。通过吸气来加深这种感受的融合，通过呼气将这种美好的能量流向身体的各个部位。这是自我整合的过程，一定要花一点时间完成这一步。最后回到现在的时空，和现在建立连接。

第五节　四句箴言：最简单的疗愈性语言

生活中有一些最简单的、生活化的疗愈性语言，比如**"对不起""请原谅""谢谢你""我爱你"**就是最常用的四句疗愈性语言。每当我们感到内心堵塞，不知道该如何表达的时候，就可以尝试使用这四句话。

一个对别人很难说"对不起"的人，往往对自己也很难说出这句话；一个对别人很难说"我爱你"的人，往往也很难说出"我爱自己"。你觉得生活对你的所有亏欠，都是你应该对自己生命所给予的补偿，我们每个人最对不起的人其实是我们自己。我们警诫自己要对得起所有的人、对得起这个世界，唯独不记得还要对得起自己。所以，我们其实亏欠自己很多。为了活出别人眼里的自己，我们让自己违心地去做很多事情。比如明明今天状态不好，但当别人找我们帮忙时，我们也说不出"不"，我们成全了别人，却亏欠了自己。

我们最该感谢的人应该是我们自己。我们那么努力地让自己得到更多的爱，让自己被接受、被认可，难道不值得被感谢吗？过往每一片刻的自己，都值得现在的自己去感谢，因为没有过去的自己，就没有今天的自己。

我们和外在世界一切关系的根源都在于自我关系，而自我关系的好坏取决于自我态度。在社会化的过程中，在超我形成的过程中，我们势必要违背自己的本心。比如在学习的时候，我们明明很困，却不能呼呼大睡，这时就需要跟自己说声"对不起，现在还不能让你睡"。在完成学习后，我们也可以对自己说"谢谢你，你坚持下来了。所以我爱你，我要让你再补上一觉"。如果我们总能看见自己的付出、感恩自己的所得、尊重自己每时每刻的状态，我们也能宽恕身边的人，对身边的人多一份善意。因为，一个能理解自己的人，也能更好地理解这个世界。

第十六章

沟通概论

这个世界上的万事万物、所有的能量，

其实都和我们有连接。

　　在日常生活中，沟通无处不在。一提到沟通，我们的内在就会涌现出一些场景和画面，而且往往针对的是平日里沟通频率高却有待提升的关系。有问题的沟通往往意味着有问题的关系，有问题的关系更容易触发我们的潜意识。通过改善沟通方式，跳出关系的困扰逻辑，才能使关系得到显著改善。

第一节　沟通的视角：狭义的沟通和广义的沟通

　　从沟通的视角来看，沟通分为狭义的沟通和广义的沟通。狭义的沟通指的是和某个人之间的交互作用，比如咨询师和来访者之间的沟通。咨询师和来访者在沟通过程中形成一个属于二人的能量场域。在其中，咨询师不仅通过咨询技术影响来访者，更重要的是，咨询师的人格魅力会对来访者产生重要影响。咨询师的人格越健全，身心越放松，在和来访者互动时就越能给他补充丰富的人格能量。来访者一旦吸收了咨询师的人格能量，他看待问题的角度也会发生改变，当他回到生活中时就更有可能积极探索解决之道，问题或许也就迎刃而解了。所以，沟通实质上是无形的能量场域之间的相互影响。

　　广义的沟通，指的是我们和这个世界的关系。这个世界上的万事万物都有能量，其实所有的能量都和我们有连接，比如我们感谢一把椅子，这其实也是在沟通。即便这些看似是没有生命的物体，事实上无时无刻不在回馈我们。我们跟世界上所有一切事物的关系，归根结底都是自我关系，我们和这个世界所有能量的互动最终都会反馈回来，成为我们和自己的互动。因此，我们和世界建立怎样的连接，就决定了我们内在跟自己的连接。当我们对世界充满善意的时候，其实就代表我们对自己也充满善意。我们通过自己的眼睛看到的世界，其实是内在感受的投影。

　　以这种广义的沟通视角再去看咨询关系，咨询师就不会只把焦点放在和来访者沟通的具体问题上，而是能够意识到他的人生困惑和问题是由他和生命中人、事、物的沟通模式造成的，因此就不会简单地认为只要和来访者沟通好，他就能变好。当咨询师拥有这样的架构感，对来访者的首要支持就是让来访者把焦点放在自己身上，而不是咨询师身上，咨询师应不断引导来访者去反思他和生命中的人、事、物是如何互动的。对于任何人而言，他在生活里和人、事、物互动的方式，才是其问题的根源。找到问题的根源，也就找到了解决方法。因此，当把沟通拓宽到更大的场域中时，个体面对问题的立场也会随之改变。

　　和孩子的沟通也一样，我们追求的并不应是和孩子的关系更亲密，而是希望通过有支持力的沟通让孩子在未来的关系互动中更有力量。因此，广义的沟通会让我们和他人的沟通更有支持力，更有未来导向。当然，在获得支持力之前，我们首先需要建立亲和力，也就是和他人连接的能力，这是需要自我修炼的部分。

　　我们学习心理学不仅能在咨询中开阔视野，而且在生活中也能受益，我们的沟通也会变得更和谐、有亲和力和支持力。因此，工作和生活是完全相辅相成的，一个优秀的咨询师做的心理工作越多，也越能被滋养，这是一个良性循环的过程。如果自己越做越辛苦，那一定是在自我某个环节出现了问题，比如自我消化、自我转化、自我认知等部分出现了卡点，或者自己人生中有最需要面对但一直悬而未决的事情。这也是咨询师每做一段时间的辅导工作，就需要督导的原因。督导的作用，其实就是帮助咨询师以一个广义的沟通视角去看待问题。

　　狭义的沟通会让我们陷入一种误区，误以为沟通是一个战斗的过程，

是一场零和博弈，结果一定是一方输，一方赢。一旦有了这种战斗状态，我们的注意力就会集中在"靶子"上。

想要从狭义的沟通转化成广义的沟通并不容易，首先我们要对自己的状态有自我认知，其次还要对自我状态保持高洞察力：对自己在做什么、自己的感觉是否舒适有清楚的觉察。如果我们陷入战斗状态，我们的肢体语言会发生变化，身体会前倾，注意力都集中在了战斗中。在这种状况下，我们可以改变一下姿势，通过调整呼吸让自己放松下来。在关系中，我们没有办法要求对方放松，但可以先让自己放松，让自己处于平和、安静的状态中。此时，我们就不会带着攻击性去面对对方，而是对双方接下来的谈话充满好奇，这样，双方才能站在更广义的沟通视角上来协商，从对峙走向合作。

第二节　沟通的方向：向外沟通和向内沟通

提到沟通，我们首先想到的是人和人之间的沟通，这些都是向外沟通。而我们和自己潜意识的沟通、和身体的沟通、和情绪的沟通，则都是向内沟通。事实上，问题的解决之道都在个体内部，一旦我们忘记这一点，就会不停地往外寻找，企图通过向外沟通来解决问题。

我们在童年时期就养成了两只眼睛向外看、用他人的眼睛来看待自己的习惯。我们把大多数精力用于关注别人怎么做，倾听别人怎么说，却渐渐丢掉了自己，对自己内在的声音置若罔闻。这导致我们对真实的自我特别陌生，而绝大多数的心理问题也和这一点有着根源性关系。把向外看的眼睛转为向内看特别难，但这是解决问题至关重要的一步，一旦我们有了自我观察和自我反思的能力，很多问题的解决途径就开始出现了。那么，如何才能帮助别人看见自己呢？

我们能给予别人的最大支持力就是帮助他"看到"自己。每当他做了什么，我们都可以以核对的方式问他："你这样做有什么感觉？"或者直接给予肯定："看到你刚才独立完成这件事，真不错。"这样的总结和反观会帮助一个人成长得特别快。

我们的沟通向内走得越深入、越和谐，向外就走得越远、越有亲和力。在与人沟通时，我们要先让自己放松下来，从更宽广的沟通视角看问题，而不是"掉进"具体的对话内容中：你用你的固化的沟通模式，他用他的固化的沟通模式。我们能做的是先把各自惯有的模式"打包"存放起来，然后思考如何能够支持对方"看到"自己、成为自己。当对方能够"看见"自己的时候，沟通双方就能在更顺畅、和谐的氛围中达成共识。

第三节　沟通的目标：提升亲和力和创造力

如果我们的沟通一直处于战斗状态，那么沟通的目的就是说服对方接受自己的想法。对方也往往有着相同的目的，在这样的过程中，每个人的内心都有一个声音："你得听我的。"这样的沟通很容易变成争执——我是对的，你是错的。我们经常听到这样的话："你怎么就是不承认自己的错误呢？""你怎么就是不听我的呢？我这样做都是为你好。"这其实是为了说服别人接受自己的观点而采取的隐性攻击。在这种沟通中，不仅问题得不到解决，关系也会恶化。

我们与人沟通的目标是让关系更亲密、更和谐，可是自动化的反应模式会让我们的沟通变成是非对错、谁高谁低的对峙。双方在沟通的过程中都想着占据关系中更高的位置，以此获得价值等级感。事实上，这正是因为我们小时候在和成年人沟通时一直体验到的都是被打击、被说服、被管教的压迫感。现在我们终于长大成人了，才会延用曾经被对待的方式去对待别人，以获得虚假的高价值感。

我们的沟通场域往往集中在两个地方：家庭和职场。这两个场域的沟通目标是不一样的，家庭里的沟通为的是家庭成员之间关系的亲密、和谐，而职场里的沟通为的是提高生产力，创造更多的社会价值。因此，沟通目标总体而言，是提升亲和力和创造力。

在沟通中，我们往往更关注语言的互动，通过语言交流来分出对错，而忽略情感沟通。但是，只有语言互动而没有情感互动的沟通是没有灵魂的。情感一旦不沟通，两个人的心理距离就变远了，这便有悖于沟通的终极目标——让彼此的身心距离变得更亲密。在日常生活中，不论是和孩子沟通，还是和爱人沟通，我们常常违背了提升亲和力这个目标。当孩子受伤、脆弱的时候，我们原本给他一个拥抱就可以了，可是却常用沟通的"武器"把孩子推远。当我们告诫孩子不许哭、要坚强的时候，孩子并不会自我拥抱，他便难以学会与人亲密，等长大后便难以和别人建立和谐的关系。

对于成年人，提升亲和力的方式就是学会自我拥抱。当我们对自己更亲和、更温柔，我们和别人在一起时才能减少防御和抵抗，才能创造更舒服的相处状态，才能卸下防御，靠近对方的心灵。很多人之所以有那么多困扰，正是因为没有人愿意主动接近他的心灵，连他自己都不愿意。因此，学会自我拥抱、提升亲和力是非常重要的。

虽然职场沟通也需要亲和力，但职场沟通的目的不是为了让员工天天抱团取暖，只图开心，而是要发挥创造力，实现更多的社会价值。所以在职场沟通中，创造力是很重要的目标。我们的策略越单一，得到的结果就越单一；策略越多，人生的可能性就越多。我们常有这样的体验，如果和合作伙伴的沟通只重复单一的模式，那么合作注定不会长久，自己也容易被职场淘汰。这就要求我们要提升自己沟通的水平和品质，在工作中呈现更多的创造力和灵活性，用越来越多的有效策略来处事，创造新的、独特的沟通方式来提升竞争力。

在咨询中，亲和力和创造力都是重要的沟通目标，咨询师要先跟来访者建立有亲和力的咨访关系，让来访者处于放松的状态下，进而支持来访者去觉察自己，"看见"自己。来访者看到自己及自己旧有的模式并不是咨询的终极目的，下一步还需要挖掘来访者的创造力，让来访者真正发生改变的是创造力，当创造力被唤醒，他才不再重复旧的生活方式和人生剧本，而是愿意换一个新剧本，并采用自己不熟悉的新模式去创造人生的更多可能。

第四节　训练沟通能力：建立内在的正面画面

我们大多数人从小到大几乎从没有接受过沟通训练，所以想要和这个世界建立良好的关系，我们需要重新训练自己的沟通能力。我们可以试着回忆一下自己小时候感受到亲和力的画面。有学员分享说，一想到亲和力，他就想起自己的老师。他在内在画面中看到自己的作文得到了老师的夸赏，因此感觉很温暖。老师给予他的支持力画面对他也是一种内在催眠，直到现在他都喜爱写作和文书工作。确实，重要他人在沟通中给予我们的支持力和亲和力会在潜意识中刻下美好的内在画面，并对我们的一生都有正面暗示和催眠作用。

在回忆时，我们的内在也会涌现出一些负面画面，比如小时候妈妈打自己，而这个画面也容易成为一个刺激性的开关。在以后生活中，只要遇到能让我们联想到妈妈的人，我们的内在开关就会被激活，表现出退缩、不想亲近。基于小时候的成长经历，我们会形成一些内心对话，这些内心对话就像是画面的旁白一样变成一种限制性信念，指导我们靠近一个人或是远离一个人。我们是在正面图画和负面图画中被催眠长大的，因此在进行沟通训练时，我们需要尽可能地松动和转化内在的负面画面，以使我们能更顺利、更顺畅地和现在的人、事、物沟通。

松动和转化内在负面画面的方法有两个：第一个是用新的视角去看过去的负面画面；第二个是多创造一些正面画面。现在的我们是由过去成长而来，如果从现在开始抛弃过去的行为模式，开始启动不一样的行为模式，就会有一个不一样的未来。如果我们在成长过程中"植入"的多为打击性语言，那在当下沟通时就会不自觉启动打击性语言，这对对方会造成很大伤害。因此，我们在和别人沟通的时候，用词需要慎重，因为我们早年植入的信息会在无形中左右当下的沟通状态。比如，对方正哭得厉害，你告诉他"你妈妈确实不爱你"，那么他就会觉得自己是不被这个世界爱的。在沟通过程中，"植入"支持性语言很重要，不管是对内沟通，还是与人沟通，"植入"支持性语言都是一种积极的催眠方式。

很多人不擅于沟通，我行我素，不喜欢社交，不喜欢分享，他们或许只有在发生负面事件时才会想着对外沟通，当然这也是一个好的动机，代表他想让事件朝着好的方向发展。可是事实上，生活中处处都需要沟通，在工作、生活、社交中，沟通无处不在。甚至，当我们打开门进入一个房间时，坐在椅子上，都是在跟它们沟通。沟通，体现的是一个人与世界的连接能力。当我们把焦点只放在负面事件上时，注意力也会相应地集中在负面体验上。那么，我们一想到沟通，就会伴随负面体验。比如一听到有人说"我要和你沟通一下"，我们首先调动的感觉就是不舒服，有明显的压力感。因此，我们要调整对沟通的需求，无论发生正面事件还是负面事件，都要去沟通。

沟通决定了我们催眠自己和身边人的方式。如果我们只关注负面信息，我们就会被负面体验催眠。比如关于孩子的考试，我们通常认为孩子考100分是理所应当的，而一旦发现一道错题，这道错题就会变成双方沟通的重点。即便孩子考了99分，我们也会最关心这1分错在哪儿。

我们往往并不在意孩子考好的部分，只会在扣分项上倾注注意力，对此展开谈话，孩子也会相应地聚焦在负面体验上。这会让孩子觉得即便考了99分，自己还是不够好。他的价值感会着重放在"我不够好"上，而不是在"我考了99分，我很棒"上。我们可以学着有意识地制造正面的沟通。我们要学会转化，先和孩子沟通他做得好的方面，肯定他的进步："原来你觉得有困难的题目，这次却做对了，你是如何做到的？"当我们不停地支持孩子时，他就开始获得正面的体验，也会更有心力去处理负面的信息。

　　一个人在工作中得到的肯定和正面反馈也是一种催眠。如果一个人总是被否定、被指责哪里做得不好，那么他也会被催眠，进一步强化自己的不足，比如越指责他做得不好，他就可能做得越不好。如果领导能刻意转化这种催眠惯性，从关注谁做得不好，到关注谁做得好、谁做得更有价值，谁和同事的关系处理得更好，谁在遇到危机时第一个挺身而出，那么企业的氛围就会变得不一样，员工的创造力也会随之增加。因此，正面沟通和负面沟通的效果是不一样的。其实，我们每个人人生中发生的正面事件更多一些，可是我们往往被负面事件所困扰，并一直陷在这些负面感受里，这就是为什么我们会觉得自己不幸福、不快乐的原因。

第五节　正面资源导向：沟通中有效的支持力

任何事件都有正反两方面的意义。有一次我去联通公司办业务，看到客服正接待一个很难缠的客户，最后连主管都出面了。对客服来说，这是一个很负面的事件，但反过来看也有好处，即这些难缠的客户恰恰可能比好脾气的客户更能提升客服的业务水平。处理完这个问题以后，客服的业务能力也相应提高了。下次再遇到这样的情况时，客服就能表现出更高的心理承受能力，在职场中便更有竞争力。所以，如果我们在共情客服的感受的同时，还能帮助客服转换视角看待这件事，那么他对于这次经历就会有不一样的感受，也能从这次经历中收获更多。如果我们只是一味同情和附和客服，认为他很倒霉、很可怜，遇到了这么难缠的客户，他只会陷在负面的感受中，也获得不了这次经历能带给自己的"礼物"。

共情不是同情，共情要求我们对对方的处境感同身受，同时要求我们帮助对方看到不同的自己。如果这个客服是男性，我们却使用了很温存的语气对他说："通过这件事情你也成长了，不是吗？"对方感受不到能量的共振。我们需要把自己的能量调整到与对方在同一水平上。我们要用更具男性力量的方式跟他说："经历了这件事，你获得了更多人生经验，这个经历是珍贵的礼物。"这种跟他的能量水平更吻合的表达方式会让他更容易感受到我们的共情。所以真正的共情不只是意味着温声细语，而是要求我们感受对方的能量，并努力调整自己与之同频。

　　我们学习心理学，一方面是不断支持和疗愈自己，另一方面是获得新经验。在事件中找到正面的意义，这一点看似简单，但其实需要很多训练。因为我们在生活中很难做到这一点，常常一遇到事情就习惯性地关注负面问题。比如，当看到孩子做错题想纠正他时，尝试着先探讨他做得好的地方，给予表扬和肯定。通过在实践中逐渐扭转自己的注意力，我们会慢慢养成越来越多的新习惯。一旦新习惯建立起来，我们看事物的视角就不一样了。当我们再用新的视角去看过去时，就会发现过去的故事也有另一番风景。

第六节　决定沟通效果的三大要素：文字、语调和肢体语言

沟通语调效果练习

两人一组面对面站着，看向对方，A用比较温柔、缓慢的声音和B沟通，表达对他的欣赏。接下来，B也表达对A的欣赏，但使用的语气和A恰恰相反，要用强势、粗大的声音。注意比较两种沟通效果。

我们会发现，除了文字以外，沟通时的语调往往也能决定双方的沟通是否顺畅。接下来，我们再换一种方式来观察沟通的效果。

沟通肢体语言效果练习

A和B再次沟通互动，A分享对B的欣赏，分享之后，B需要闭上眼睛。接下来，A做一个用食指指向对方的动作，然后告知B睁开眼睛，A将刚才对B的欣赏再表达一次。注意比较两种沟通效果。

在两次沟通的过程中，虽然文字完全相同，只是肢体语言发生了变化，但沟通效果完全不一样。因此，肢体语言也能决定沟通的效果。

在沟通过程中，好语言不一定能造就好的沟通效果。也就是说，沟通效果并不只取决于文字，还受文字以外的其他因素所影响。一提到沟通，我们的第一反应就是该说什么，而忘记了沟通中真正重要的其他部分。事实上，即便两个人在互相指责，但如果他们能在沟通中把文字以外的部分做好，效果也会完全不同。

总之，沟通的效果取决于三个要素：文字、语调和肢体语言。通过沟通练习我们会发现，当我们开始关注语调和肢体语言时，所使用的文字也会和原来不一样。也就是说，文字会被我们的身心语言所左右，当我们的语调放缓、身体姿态更亲和时，说出的话也会更温和。所以，看似是我们所说的话决定了我们会采用什么样的语调和肢体动作，但其实是后者决定了前者。

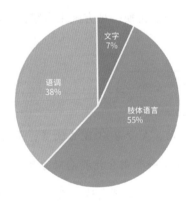

图16-1

在100分的沟通效果中，文字所占的比例只有7%，语调是38%，肢体语言是55%。由此可见，语调和肢体语言这两种我们并不关注的身心能量对沟通效果的影响占了93%，而我们刻意关注的文字部分仅占7%的影响力。所以，如果我们对身心层面的沟通加以训练，我们的语言运用能力也会提高，整个人的气场也会随之改变。

网恋之所以容易失败，是因为人们仅凭文字沟通来建立感情，而忽略了个体人格魅力更真实地体现在一个人的身心语言上。网恋中的两人主要通过文字来沟通，他们根本不知道彼此是什么样的人，有怎样的真实人格特征，而只是被通过这堆文字刻画和想象出来的客体所吸引。因此，他们其实是在和一个自己想象中的人谈恋爱。当双方在现实中见面并真正交往一段时间后，往往发现对方和自己想象的完全不一样。

我们和世界万事万物的连接，更多的是通过身心能量的沟通。当我们对着一把椅子说"你真好"，这不一定产生效果。可是如果我们善待它，保持整洁，注意保养，轻拿轻放，那这把椅子的寿命会更长，它回馈给我们的也是安全感。同样，一个有觉知的人在生活中时时刻刻都是被环境呵护的。这一点呼应了我们前面讲过的广义沟通——我们对待这个世界的态度，决定了这个世界对待我们的态度。

第七节　非言语沟通：身心语言更能揭示真相，更有支持力。——

所谓的先跟后带、共情能力，其实都源自我们调整身心能量真正地和对方在一起。那我们如何捕捉对方的能量呢？在咨询中，我们发现有的来访者在面对咨询师时会回避、抗拒，会拒绝对话。当我们通过他的身心语言解读他的内在画面和内心对话时，我们就不会停留在来访者说的故事里，也会觉察到他表达的信息跟真相存在怎样的偏差。所以在心理咨询中，来访者的身心语言比他所说的话更符合真相，更能揭露他真实的自己。

在做家庭辅导时，我一般先观察个体的整个家庭状态。家庭成员的位置、距离、眼神连接、沟通方式都能初步反映这个家庭的关系状态。比如有一个孩子始终和妈妈坐在沙发上，而爸爸单独坐在特别远的地方，这很明显反映出这个家分裂成两个部分。在与他们沟通的过程中，我直接把这种感觉反馈出来："这个男孩最核心的问题就是缺少爸爸的支持，因为爸爸在家庭里是缺位的。"经过了解得知，孩子读高中的时候，妈妈陪读，于是母子二人在外面租房子，而爸爸在另一个乡镇工作，父母常年两地分居。爸爸不在身边，孩子要承担起保护妈妈的角色，但内心一直很恐惧。因此，孩子真正的问题是身心能量中缺乏爸爸给予的男性力量。父母意识到这一点后，及时做出了调整，爸爸承担起陪伴儿子的角色，妈妈先暂时分离出来。结果，孩子变化特别大。可见，观察身心语言其实是很有价值的，它能支持我们看到真相。如果只听孩子说的话，我们可能就会陷在问题里面，只做表层工作，无法触及核心问题。而事实上，所有个体的人生真相其实都浓缩在身心能量中，处理个体的身心能量是沟通最核心的部分。

了解到语调和肢体语言更能决定沟通的效果，我们在开口之前就会先观察对方的状态，并基于此采取适合的方式与之互动。如果对方很疲惫、有心事，我们可以支持他，给他呵护，让他放松。对方感受到的是亲和力和支持力，也会回馈给我们支持力和亲和力，沟通的气氛会很融洽。在这样的氛围下，双方的语言也会趋于积极和正面。

如果我们习惯于说攻击性语言，比如"你怎么又这样了""你这样做不对"，那么很容易将沟通置于互相攻击的循环中，沟通效果也会十分糟糕。攻击性语言不仅会削弱对方的力量，当对方以同样的攻击性语言回敬我们时，也一样会削弱我们的力量。这是一个恶性循环，是互相损耗的过程。如果我们换一种沟通方式，即使在给对方提建议时也尽可能使用一些正面语言，沟通就会更有效果，双方内心也会更具力量感。"你的目光要是更柔和一点的话，我会更喜欢你"，这种有力量的语言要比攻击对方"你怎么这么不温柔"的效果好得多。

第八节　多维沟通：从单一的沟通策略中跳脱出来○————

我们每个人在沟通时往往只习惯于用同一个招数，策略过于单一，比如一吵架就选择逃避。但是使用相同的策略只能让我们得到相同的效果，而每次一成不变的效果又进一步强化我们沿用旧有策略。除非我们改变，否则重复旧的策略只会得到旧的结果，难以实现想要的改变。

这一点在咨询中也很重要。来访者和咨询师沟通时所用的策略一定是他熟悉的，如果咨询师又恰好配合了他所熟悉的沟通策略，即用他所期待的反应去回应他，那咨询很难有效果，永远没有什么新鲜事发生。因此，如何在咨询过程中让来访者打破旧的模式，这点很重要。

在心理咨询中，来访者攻击咨询师的目的多是为了验证有问题的是别人，而不是自己。比如来访者和妈妈的关系不太好，而咨询师恰好又是女性，他在咨询过程中会无意识地挑衅女性权威，这样他就可以证明有问题的是妈妈。如果咨询师更有人格魅力一些，方法更灵活一些，不去迎合来访者旧的策略，无论来访者怎么攻击，咨询师都能用好奇或者跟妈妈完全不一样的幽默方式去回应，甚至变成和他一样的孩子状态，用孩子的方式和他对话，那么这种重复策略可能就被打破了，来访者就会启用不一样的能量来与咨询师互动。所以咨询的过程其实也是"能量战"的过程，咨询师需要保持高度的觉察，探索到底采用什么策略和来访者互动才会打破其旧有的强迫性重复。

面对来访者的攻击性语言，咨询师也可以用"脱身术"，比如问他：

"你在生活中最擅长这样攻击谁？"这样就调转了来访者的矛头，将攻击能量从咨询师身上抽离出来。或者问他："你在生活中是不是也像攻击我这样攻击别人？因为我们才刚刚认识，你这样攻击我，一定不是我们之间有什么问题，你是不是在生活中就习惯这样？"这就把他拉回到更大的场域中，进而能够打破这种无效的强迫性重复。

沟通的灵活性意味着从原来单一的策略里跳出来，调用更多的策略和创意。比如当我们的工作和生活发生了冲突，怎样才能更好地平衡两者的关系呢？这似乎会让我们陷入两难境地，我们的内心可能会有这样的对话：我没有充裕的时间来陪伴对方，更别提陪伴质量了。但事实不是这样的，虽然陪伴时间是一个重要因素，但我们完全可以实现双方不在一起的时候仍能延续心灵连接。

我平时工作比较忙，陪伴孩子的时间也少，但我接受这一点，接受我与孩子的分离，同时从这种分离中获取正面资源。每当我和孩子分开时，孩子就能训练自己处理和应对很多事情的能力。在陪伴孩子时，除了要有沟通，还要学会运用核对式发问。比如我会问孩子："妈妈工作比较忙，你感觉怎么样啊？"通过这样的发问，孩子也会有自我核对，他会确认自己的感觉及需求。在这样的核对与反馈中，父母便可以提高陪伴的质量。

作为父母，我们一定要接受的是：孩子一天天长大，会离我们越来越远。想要保持亲密的亲子关系最重要的就是提高自己人生的质量。父母是孩子的模范，当父母对这个世界保有一份热情，活得开心又有价值，能够有爱又有趣地陪伴孩子，这本身就是与孩子之间进行的无形的沟通。

如果父母保持开放的态度，不约束、控制孩子，孩子反而更能知道自己想要什么，并释放出更多的能量。还有一点很重要，当我们信任孩子即使不在我们身边，他一样会做得很好时，这种内在的信任能让孩子接收到满满的能量，他会在肯定、鼓励等无形的支持中更好地学习、生活。

如此，即使我们没有和孩子在一起，也能提供有质量的陪伴。对于很多父母而言，即便分开生活了，内心也仍然要保有一种认知：永远不能代替另外一半来陪伴孩子。父母要经常用一句话来提醒自己，"孩子不是我一个人的，最起码还是另一个人的，是我们两个人一起给他的生命"。当我们不能陪伴孩子的时候，孩子还有爸爸（妈妈）。这样想，我们就能把孩子放下，给予孩子应有的自由空间，使孩子有机会发展出应对这个世界的能力。

所以，陪伴质量取决于父母的人生状态。当父母心情更放松，工作更开心，更能自给自足地为人生补充营养，在孩子面前就更有力量。也就是说，自我成长是提升陪伴质量至关重要的一点。三赢的状态是"我好、你好、世界好"，而核心其实是"我好"。在沟通的过程中，我们每向对方说一句支持性的话，都会增加自己的力量。做心理咨询也一样，咨询师能帮助来访者回到生活中多一点进步，自己回到生活里也更多一些支持力。心理辅导是一个彼此滋养的过程，只有咨询师和来访者越来越有力量，才能进入正面反馈的良性循环。

第九节　核对式发问：沟通中的自我观察与反思

沟通是需要核对的，我们在沟通时往往特别擅长表达，而忘记发问。但不管在任何场景的沟通中，我们都需要阶段性停顿，这是一个总结和反思的过程。辅导就是这样一个走走停停的过程，我们要在表达的过程中停下来核对一下对方的想法："你在生活中是不是也是这样的态度，所以才导致了这样的结果？"或者直接用发问的方式："你在生活里最擅长对谁用这样的方式说话？"

在沟通中，发问是比陈述更重要的工具。发问让我们放下自我，把焦点放在对方身上。 越是对对方产生好奇，我们就越容易发现对方身上的问题：他是怎么变成今天这个样子的？他在生活中最擅长对谁用这种态度？他在什么情况下特别容易退缩？是什么样的内在画面让他有了今天的处事方式和看世界的视角？这样整个沟通过程就变成核对、确认的过程，核对的目的也是为了激发对方进行自我核对。当双方都能在沟通中有意识地核对及自我核对时，沟通效果就会很好。

核对式发问能引发我们的反思和自我觉察。如果一个陷在家庭矛盾中的人找你倾诉，你可以发问，是什么让他和伴侣的关系产生这么多隔阂，这种发问就会促使他去自我核对。在和孩子的互动过程中，如果我们能够多多发问，就可以引发孩子建立一些自己的独立思维模式。每当孩子求教解决方案时，我们可以发问："你觉得呢？"每当他说出一些思路，我们就可以继续引导："还有呢？"在这样的训练中，孩子就能学会独立思考，独立的思维模式就会慢慢建立起来。每当孩子表达完后，我们再给他一个及时的肯定"你说得很好，很有想法"，这又会让他建立起自我价值感。可见，核对式发问在生活中非常重要。

聆听与精简语言的能力、接受批评法、一分为二法。

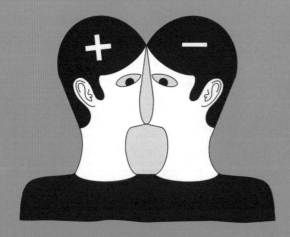

第十七章

沟通的基本训练

　　熟练掌握有关沟通的相关练习后，当我们在生活中再面对冲突时，我们的潜意识就会自动将对自己的成长有意义的部分保留下来，并将那些没用的部分扔到"垃圾桶"里。如果我们能加以练习，这些工作就会成为自动化反应，因为我们的潜意识很智慧，它总希望为我们做一些更好的安排和选择。

　　一旦我们学会了更好的策略，潜意识就能迅速学会，并使之成为我们在未来人际关系中的隐性能力。当我们再遇到冲突时，我们无须费力思考，就能做出更好的选择。

第一节　有效沟通：聆听与精简语言的能力

　　有效沟通需要具备两种能力：聆听能力和精简语言的能力。我们常常自顾自地表达，而忽略了对方真正想听什么，这源于我们没有倾听对方的需要。在沟通中，话不在多，而在于精，我们要训练自己要么不开口，要么一开口说的就是重点。

聆听能力练习

　　两人一组，分别扮演来访者和咨询师。来访者可以讲述自己的某个困惑、经历和故事，尽量控制在 10 句话以内。

　　在这个过程中，咨询师要训练自己复述的能力，也就是完整重复来访者所说的内容，尽可能做到一字不差，还可以重复语调和肢体语言。

　　聆听能力不只是体现在语言层面，还体现在身心层面。这个聆听能力练习不仅让我们对自己的聆听能力有所了解，还可以有意识地提升我们的聆听能力。当对方在表达的时候，我们不去打断他，只是在内心复述他的话，这样可以锻炼我们的耐心，也更能全面地接收对方所表达的信息。通过聆听能力练习，我们能训练自己听得更客观、更完整，能与对方产生更深的连接。

如果我们在复述时能尽可能完全模仿对方的语调和肢体语言，我们就能对对方的心理活动更加感同身受，也更能理解对方。这样，我们的复述不仅能模仿"形"，还能抓取到"魂"，我们能更精准地感受到对方的感受，这种沟通效果是最佳的。在这样的沟通中，对方也会从我们的复述中"看到"自己，我们就像是一面镜子，能够镜映出对方真实的样子。因为每个人在生活里是很难看清自己的，在这样的沟通中可以实现这一点。这个技巧也能用在我们与孩子的互动中，和孩子在一起特别需要亲和力，而提高亲和力最简单的方式就是模仿他、成为他，用孩子的语气和状态与他相处。孩子会感觉到我们不再是高高在上的父母，而是他的伙伴，他对我们的定位变了，心理距离也就拉近了。

精简语言的能力练习

三人一组，一人做来访者，另外两人做咨询师。先让来访者倾诉自己的困惑或故事，咨询师 A 在完全聆听的基础上，将叙述精简为最重要、最能体现来访者倾诉重点的三句话。同时，精简的过程往往也需要询问，所以这也是一个核对的过程。精简和核对更能帮助来访者厘清自己混乱的逻辑和问题的中心。

然后，咨询师 B 把来访者的叙述和咨询师 A 精简的三句话再精简为一句话。比如"我感觉到你最想要的是什么""我能看出你是一个怎样的人"。总之，将来访者的叙述精简成有力量、有支持力、能让对方"看到"自己的一句回应。

很多人在与人沟通中比较喜欢说，不喜欢听，而且表达的逻辑不清晰，这些人尤其需要精简语言的能力。精简成三句话其实就是在向对方核对，而精简成一句话其实就是在支持对方。这个练习中也可以停顿，叫停不是打断对方，而是向对方核对自己是否听清了对方想要描述的信息。有时候，叫停是因为对方就一个话题不断地重复，这时叫停其实就等于把对方拉回到现实中。我们要通过叫停把对方拉到当下，然后促进对方深入反思自己重复某一话题的原因。

精简语言的过程需要我们整理和提炼大量信息，精简成的一句话也许恰好切中了对方想说却没有说出来的核心思想。如果我们多听少说，说出来的话会更可能一语中的，这个练习可以帮助我们学会表达重点，让每一句话都说得有价值。当我们能精准捕捉到对方的中心思想时，对方会觉得自己被理解、被看见、被疗愈。助人的过程就是帮助对方精简一堆烦乱的思绪，然后用更强有力的回应和力量支持他。这样的沟通是有疗愈功能的沟通，能触及对方未知的自我，帮助他发现自己无法觉察的成长可能性。

第二节 接受批评法：正面应对批评

在日常沟通中，我们被批评、被指责、被挑毛病是很常见的事。我们会因此感到不舒服，也无法心平气和地接受对方的意见和建议。这和两个因素有关：第一，生活中懂得正面表达的人太少了，人们习惯于关注负面信息。我们不能改变他人，只能改变自己，我们要学会转化批评，而不是拒绝批评。也就是说，无论别人和我们如何沟通，哪怕是批评，我们都要有力量把它转化成正面的自我暗示或信息；第二，和自我价值有关，我们在被批评的时候会陷入低自我价值感中，会掉进否定自己、怀疑自己的思维中，最终深陷委屈、逃跑、受伤的恶性循环。

因此，接受批评法是一个有效改善批评所遗留的负面情绪的方法，借助此方法，我们会为自己"安装"一个"程序"以有力量地应对负面信息，甚至把负面信息转化成正面信息。在回忆真实发生过的被批评的场景时，我们首先要排除和父母有关的场景，最好等这个"程序"应用得相当娴熟以后，再去和父母互动，因为涉及父母关系的场景会相对复杂一点，需要将接受批评法结合接受父母法一起使用来重构内在画面。

接受批评法练习

1. 想象回到过去被批评的画面。

2. 重放批评的过程，同时身边放个"垃圾桶"。

3. 分离画面，把有意义的留下，把没有意义的放进"垃圾桶"。

4. 和对方做一些简单对话。

5. 打破状态。

实操举例

个案问题：因被朋友批评而感到委屈

个案：我想到了一个被朋友批评的场景。每次想起来，我还是有些负面情绪的，我对这些批评也有一些认同，觉得朋友说的一部分是对的，但我就是情感上接受不了，觉得非常委屈，还有点儿气愤，总想找些理由来辩解。

导师：如果满分是10分，你给自己的委屈打几分？

个案：7分。

导师：如果现在你闭上眼睛，还能想象当时的场景吗？

个案：嗯，可以的。

导师：接下来先放松，把向外看的眼睛闭上，或转向自己的内在，因为这个练习需要在潜意识层面"安装"一些新"程序"。
如果很难放松，也可以做一些和身体连接的事情。你可以把双手
放在腿上，然后感受脚和地板的连接，把双肩慢慢打开。当你放
松下来，想象被朋友批评的那个场景，就好像看着一幅画面或者
电视屏幕。你看看两个人处在什么样的位置上，有没有谁更高
一点，谁更低一点？还是两个人的位置都是平等的？

　　个案：是平等的。

　　为什么我们会留意这一点呢？这是因为当我们被批评的时候，会
把自己放在一个比较低的位置。如果我们处在低的位置上，就容易感到
委屈，容易陷入小孩子的情绪里。如果是这样，我们第一步要做的就是
把位置调整一下。在日常生活里也可以用这个技巧，当我们被批评时，
可以运用想象在内在提升自己的位置，提升到和对方平等的状态，这也
有助于我们增加自身的力量。

　　导师：好的。接下来，我们再重放一遍被朋友批评的场景，
这一次的场景会和第一次不同。首先，你想象自己的脚旁边放着
一个垃圾桶，尽可能塑造一个颜色、样式和材质都是自己喜欢的
垃圾桶。当朋友开始批评你的时候，你想象他在把很多的能量扔
向你。你不需要记得他说了什么话，只需要想象每一句话化成能
量飞到你这里。这时，你掌握了一个新的技能：面对每一句飞向
自己的话，如果这句话对你的人生有帮助、有意义，那就让这句
话飞到心里；如果这句话对你的人生没用或有破坏力，那就把它
扔到"垃圾桶"里。如果某句话有几个词对你的人生有帮助，那

也可以把这几个词从这句话里摘出来，让它们飞到心里，把那些没用的话都扔到"垃圾桶"里。这样就可以运用一个形象的方式来完成接受批评的过程。总之，每当这些话飞过来的时候，你的潜意识要快速地做出直觉性的判断，将有用的和无用的话区分处理，直到整个过程完成。

个案：他用的批评语言并不多，但当我听出朋友有批评的意味时，就感觉很不爽。

导师：那这些批评有没有对你有用、有意义的？如果有就留下；如果都是朋友自己的负面情绪，那就分离出来丢进"垃圾桶"。这个过程完成了吗？

个案：嗯，可以了。

导师：你未来还会和这个朋友相处吗？

个案：会。

导师：想象一下未来这个场景，如果这个朋友再批评你的时候，你已经有了新的能力，能把有用的批评留下，把没有用的批评分离出来扔进"垃圾桶"。你甚至可以通过朋友的批评对其人生给予一些提醒，让他有机会去"看到"自己对别人的批评其实源自自己对自己的批评。所以当你对批评不再有激烈的反应时，你会发现对方批评你的欲望也在减少。

你可以和他说："在我们的互动和沟通过程中，你对我的支持，对我的人生和成长有意义的部分，我都留下了，谢谢你。那些对我没有用的、只属于你的人生的部分，我也已经把它放下了。每个人都有自己的人生，我们没有资格拯救别人的人生。作为朋友，我们要尊重彼此的人生。所以我也把你的人生、你的命运交还给你，这样我们在未来才能相处得更好，能创造更多三赢的局面。希望在我们的互动中，我也能对你的人生有意义，能支持到你的成长。如果有的话，也请你收下。未来我们还会相处，两个人在一起的意义就是互相支持、彼此协助，互相成长才是关系的本质。"

说完这些，深呼吸，慢慢睁开眼睛，从那个画面中回来，感觉一下所在的房间，回到现在。现在，可以再想一想，当下的感受和刚开始有什么不同。

个案：我感到更轻松了，委屈情绪还有2分。

导师：如果情绪在4分以下了，我们就不需要再处理了。因为任何情绪都是一分能量，保留它，对自己也有一个提醒的意义。还有其他要分享的吗？

个案：我变得更有力量，也发现对方有爱的一面，我和他其实是互相关爱的亲密关系。

导师：成年人之间都是互助成长的关系，而不是互相背负人生包袱的关系。

接受批评法可以让我们的内在"安装"一个新的"程序"，增加我们内心的力量，让我们在和他人沟通时能以对自己、对关系更有支持力的方式接受批评。

第三节 一分为二法：只和有支持力的部分沟通

一分为二法和接受批评法一样，也是可以用在人际关系沟通中的技能。这个世界上没有任何人是完美的，也没有任何人是完全符合我们的沟通标准的。因此，我们在沟通互动的时候，总会对别人有诸多不满，而且我们发现，关系越亲近，越容易不满。因为我们会有很多期待，期待对方活成自己希望的样子。但每当这个期待落空的时候，我们就会感到失望，并陷入负面的体验和受害者状态里。

受害者状态之所以出现，往往是因为我们没有训练出支持自己的能力，不能在关系中把注意力更多地放在自己身上。一分为二法可以帮助我们建立一个内在策略：每当我们和他人沟通互动的时候，只和对我们有支持力的部分互动，而对于那些对我们没有帮助的部分，我们可以暂时放在一边。当我们有能力在关系中这样做的时候，就能引发对方更多地用积极的、可以彼此支持成长的一面来和我们沟通互动。

人格就像一颗多面的钻石，对方用哪一面来面对我们，是由我们所决定的。当我们不停地欣赏他，他就会显现我们欣赏的一面，而如果我们不停地挑剔，他也可能只会一直显现被我们挑剔的一面。

一分为二法可以帮助我们调动对方的积极人格面与我们相处。每个人都有不完美的一面，在人际沟通中，我们要学会引发对方用能支持关系的人格面和我们互动。当然，前提是我们自己已具备调遣自我人格面的能力，即我们已学会了新策略，能在人际关系中显现更具支持性的自我人格。不管是接受批评法，还是一分为二法，都是个体生活风格的反映，我们之所以现在要学习，是因为小时候没有人教会我们这些，而且我们身边也没有这样的榜样。

　　这个练习还有一个优点，就是不需要讲故事。讲故事耗时耗力，往往还会把双方都绕进故事里。而做这个练习时，是先做练习再去谈关系和故事，那么双方的沟通就会更具支持力。这也是为什么我们喜欢把这个技巧作为实操训练的原因。

一分为二法练习

1. 想象对方站在你前面，找到原始感觉，把对方放进大屏幕，再将屏幕一分为二，对方在屏幕的右半部分，是原型。

2. 将原型进行复制，放到左半边屏幕，然后和原型进行对话："你也不完美，我也不完美，我只和你那些有支持力的部分互动，把我不能接受的放下。"然后把这一部分移动到复制品这边，推远它，直至成为一个小黑点。

3. 和原型朋友简单对话："未来我会和你更好地配合，让我们的关系更好。"

实操举例

个案问题：在朋友面前有压力感

导师：做这个练习的时候，我们也要想象生活中的一个人，一个未来还要和他相处，但一想到他就会激起负面感受的人。当然，依然是父母除外，因为一旦做和父母有关的练习，过程就会更复杂。你有想到这样一个人吗？

个案：有，我想到了一个朋友。

导师：那未来你们还会相处吗？

个案：会的。

导师：想象朋友就在你对面，其实每一种外在关系都会在我们的内在留下一个画面，而这个内在画面才是我们对这段关系最真实的判断。你看到的朋友是什么样？

个案：还是平时见的样子。

导师：你看到他，感觉是怎么样的？

个案：我不喜欢他，我感觉到一种压力。

导师：他和你的距离让你觉得舒服吗？

个案：还可以。

导师：你们的眼睛在同一水平线上吗？

个案：他是站着的，我是坐着的。

导师：如果他的眼睛更高一些，你可以想象手里有一个按钮可以调整椅子的高度，让自己的视线和他在同一水平线上。能想象吗？感觉怎么样？

　　个案：挺好的，压力感小一些了。

　　导师：接下来，我们要尝试对这个画面做不一样的处理。首先，想象一个大的触摸屏，把你内在呈现的朋友的样子放在这个大屏幕里。接着，想象你的手一挥，屏幕一分为二。这个朋友就在你右手边的这一半屏幕里，这部分是原型。然后，你将这个原型复制一份移动到左边屏幕中，这个复制品可能和原型有一点区别，比如色彩更淡一些，甚至稍微小一点，你可以在内在做一点区分。

　　这一步完成之后，你开始和右手边这个原型朋友进行对话："这个世界上没有完美的人，所以你不是完美的，我也不是完美的。你身上或多或少有一些能够支持和帮助我的、对我有意义的部分，所以我要跟你说声谢谢。我也希望在我们的相处中，我也能给你一些支持。你身上也有一些是我不能接受的，不属于我的，甚至并不属于我们关系的部分，接下来我也会把这些部分移开，让我们的互动和沟通更有意义和支持力，我们未来就会配合得更好，达到三赢的目的。"说完这些话，你想象将原型朋友中你不喜欢的、不属于你的、不能接受的部分从右屏移到左屏复制品中。这些部分，有些是你知道的，有些是不知道的，但都可以移动过去。当做完这一切之后，你再看看现在这个原型朋友和刚才有什么不同？

　　个案：他变得更透明，表情平静，整个人看上去很轻松。

导师：当你看到这个原型朋友现在的样子，你内在的感觉是什么？

个案：我也感觉很好。

导师：现在你可以将这个原型朋友变得更清晰，在你感觉舒服的范围内能和你更近一些。然后把那个复制品从屏幕上向左前方或左侧推远，直至成为一个黑点，它不影响你和原型朋友的互动，同时你眼角的余光还能瞥见这个黑点，以提示你在沟通的过程中也要保护自己。当你完成这一部分，再看着原型朋友，对他说："未来我会和你更好地配合，更多地和你身上有支持力的部分互动，让我们的关系变得更好，更能支持彼此的成长。这也对我们有着十分重要的意义。"说完这些后，再体验自己有什么感觉。然后深呼吸，慢慢回到现实中来。

个案：此时再去想这位朋友，我的感觉就不同了。以前想到他，我的感觉特别不好。但现在会认为他只是个普通人，他有这些缺点都是很正常的，只是原来我对他有一些要求和期望。现在再想，我感觉对方还挺亲切的，也更理解他，觉得他也很不容易。

当我们能够放下对对方的期待时，关系也就变得更放松了。有时候，我们执着于对方身上自己不接受的部分，是因为我们想改变对方，而一个人是不能改变另一个人的，我们能做的就是将他身上好的部分放在关系里，这样两个人的互动才会变得更有价值。世界和人都不是客观存在的，我们活在一个由自己主观塑造出来的世界里。当我们改变了看对方的角度，我们和对方的互动模式就改变了。一个人对待我们的方式其实是由我们的内心状态所引发出来的。所以我们可以在关系中成为一个引发者，掌握关系走向的主动权。

关于亲密关系，其实很多时候取决于我们想到爱时内在涌现出的关于爱的最早画面是什么。这个爱的最早画面是我们现在关系的"导演"，而我们往往觉察不到这一点。所以本质上，处理关系其实就是处理内在画面，并在这个原型画面基础上转化，创造出一幅新的内在画面。一旦画面改变了，我们用这个内在新画面再去处理关系时，就能演绎出新的关系模式。所以，内在画面即我们外在关系的"导演"。

这也是我们做心灵练习会有效果的原因。一旦内在画面通过练习获得改变，我们就会形成新"程序"，外在一系列的关系都会随之改变，我们和别人在一起时会更从容，因为无论他做什么，我们总能想办法去挖掘对自己的成长有帮助的部分，总能把那些负面的、自己不能接受的部分转化掉，并引发他用更智慧的、更能和我们正面配合的资源。这样，当我们互动的时候，双方的资源就会紧密合作，最终实现互相成长。

我们大多数人的父母都是普通人，当我们和父母相处的时候，常会被一些我们不能接受的行为所困扰，因此产生一系列负面情绪。但是，所有的父母都是爱孩子的，只不过很多父母不会用正确的方式表达爱。我们可以采用一分为二法，在和父母互动时，把父母爱的部分留下，把父母该承担的人生分离出去，退还给他们。这样，无论父母怎样对待我们，我们都能获得爱和自由："我能理解你这样做是爱我的，你的爱，我收下了。但我有自己的人生，自己的选择。"当我们用这种方式与父母相处，我们就会发现父母的爱越来越多。

亲子关系也是一样。我们的伴侣和孩子互动时，我们往往因不接受伴侣的某些行为，而插手他们的关系。其实越是这样，越会让关系变得复杂。如果我们想去改造对方，让其成为自己期待的父母，就会对当前的伴侣进行评判，反而会妨碍亲子之间的交流。改变的第一步就是学会退出，主动退出伴侣和孩子的关系，允许孩子向伴侣学到不一样的互动方式；第二步，学会用一分为二法，我们可以告诉孩子："爸爸（妈妈）这样对你是因为爱你，不过他的一些人生经验并不一定适合你。你只要把这份爱收下并表达感谢，并且放下对你没用的部分就可以。"这样，孩子潜移默化中就学会了更有智慧的生活方法。

我（徐秋秋）在生活中就应用过这样的技巧。我的工作比较忙，儿子经常跟着爷爷奶奶，而爷爷奶奶比较喜欢指责、批评孩子，所以我就教给孩子接受批评法和一分为二法。我告诉孩子："每当爷爷奶奶批评你的时候，你就想象着爷爷奶奶对你的爱不停地飞过来。你把爷爷奶奶的爱收下，然后把爷爷奶奶的情绪和习惯放下。"现在不管爷爷奶奶怎么批评他，他都能告诉别人爷爷奶奶是爱他的，因为他只收下了自己变得有力量的爱，而放下了伤害。而且他也能很有支持力地和爷爷奶奶互动："你们希望我更好，我收下了，只是你们的语气能不能再缓和一点？"每当他这样回应，爷爷奶奶也变得不一样了。因此，当我们将有效的策略植入到孩子的人生管理中时，他在处理人际关系时就会变得更有智慧。

第十八章

情绪概论

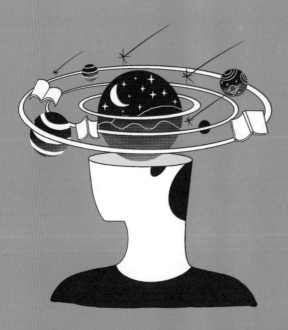

情绪是立体的，每当我们有一种情绪的时候，事实上在这
种情绪的内在还有很多复杂的其他元素。

对很多人来说，情绪就如同一座难以逾越的高山，不了解情绪，更不会管理情绪。提及情绪，人们往往会想到负面的、抗拒的、暴躁的情景。很多人正是觉得自己太情绪化了，才求助咨询师。事实上，情绪并不是什么洪水猛兽，如果能正确探索和看待情绪，即便是负面情绪也能为已所用。

我们可以试着回忆一下自己人生中记忆深刻的一两件事情，或正面，或负面。所谓记忆深刻，就是每说起这件事情，细节都历历在目，仿佛昨天刚发生过一样。一件事之所以会让你记忆深刻，一定是其蕴含着你强烈的情绪感受。为什么我们初中学过的知识早已忘到脑后了，而对曾经暗恋过的对象却念念不忘，就是这个原因。我们之所以到现在还记得那个早年的恋人，就是因为我们在这个人身上产生了很多的情绪体验和感受。

当我们经历某个事件，产生剧烈的情绪触动或者情绪反应时，潜意识会将这种情绪"安装"成一个"经验擎"。未来我们再遇到类似的事情时，就会基于这些情绪经验而做出和过往经历的事件中相同的反应，而不会基于当下这个事件做出反应。一个人之所以会因当下事件产生反应，正是因为储存在潜意识中的某些过往情绪体验被激活了。

　　基于过往经验，我们的潜意识中"安装"了很多的情绪"按钮"。当受到外在环境刺激时，我们内在的情绪"按钮"就会被触发。我们会发现一个现象，有些人会受这样的事件触发情绪，而有些人则会被那样的事情触发情绪。这是因为我们每个人的成长经历不同，情绪按钮也不同。而且，我们的负面情绪"按钮"更容易被激活、被触发。这正是因为我们更关注负面事件，而对正面事件往往反应更平静。比如，孩子跟同学关系相处得融洽，我们不会关注，也不会专门去夸赞。但是如果孩子跟同学吵架了，那老师就会叫家长，家长也会大动干戈。这样的成长经历越多，一个人的负面情绪"按钮"就越多。如果我们转换角度，在孩子做了积极的事情时，全家庆祝，那么孩子也会渐渐"安装"更多的正面情绪"按钮"。所以，一个人的身上有怎样的情绪"按钮"，取决于他是怎么被对待的。

第一节　情绪是一种本能、一种能量、一种能力

人们害怕情绪、回避情绪，主要基于两个原因：第一，因为不会处理、转化负面情绪而感到无力；第二，因为被情绪左右而感到失控。我们常常掉进情绪里，忘记了情绪只是我们人生里的一种体验、一个工具，反而让情绪变成了我们的主人。就像我们养了一只藏獒，刚开始它很凶，我们又没有驯服它，就会很害怕，觉得和它难以相处，看见它只能躲着走。经过一段时间后，我们了解了藏獒的习性，知道如何与它更亲近，那我们就不会那么害怕了，甚至出门的时候还会特意看看它。再过一段时间，我们可以和它肆意玩耍了，它也能听我们的话了。所以，情绪就像没有被驯服的动物，只要我们学会了与它相处的艺术，我们就能驾驭它。

说到这里，我们其实可以探讨一下情绪到底是从哪里来的。情绪伴随着我们出生，是自然地储存在身体里的本能。在我们还是婴儿的时候，妈妈并没有特意教我们嘴角上扬表示高兴，嘴角下撇表示难过。但我们仿佛天生就懂得如何通过身体语言来表达情绪。

情绪看不见、摸不着，它到底藏在我们身体的哪个部位呢？我们看到一个快乐的人就想亲近他，看到一个愤怒的人就想远离他。如果把身体比喻成电线皮，那么情绪就是身体内部流动的能量。当我们的情绪是快乐的，就会感觉身体变得放松、柔软，但如果我们充满愤怒，就会感觉身体变得僵硬、紧绷。当我们试着慢慢深呼吸，将这种愤怒的情绪释

放出来，我们的身体也会发生变化，会从持续的紧绷状态开始变得松弛。

可以说，情绪是流淌在我们身体里的一股能量。吵架就是能量的碰撞，两个人吵架的时候，我们即使远远地观望，内心仍然会有波动，与吵架相比，冷漠是亲密关系更大的"杀手"。一对夫妻如果吵吵闹闹很多年，反而关系问题不大。但如果一对夫妻冷战长达一年，关系就几乎没有修复的可能性了。因为这意味着在关系中，一方不愿意和另一方碰撞能量了，关系中的能量不流动了。而夫妻双方只要还会因对方产生愤怒情绪，就说明双方之间还存在能量的流动，关系就不是"死水"。所以，情绪是流动在身体内的一股能量，而情绪有正面与负面之分，是因为情绪能量流动的方向不同。

比如，愤怒这种情绪能量不仅流动速度快，流动的方向也是指向对方的。愤怒能量调动起了身体中一股指向对方的力量，吓走对方，或伤害对方，而快乐情绪在身体中流动的方向就像是散开的、欢快热烈的、自上而下奔流的，所以我们经常用"乐开了花"来形容一个人高兴的样子。紧张情绪能量在体内是来回窜动的，既催促个体往前迈步，又有拽着个体后退的力量，使个体整体呈现出矛盾、纠结的状态。

当我们对情绪能量有了基本的认知，再看到别人因某事而产生情绪时，我们就可以有意识地去分析他身体中能量的流动，并有意识地觉察和调整自己体内能量的流动。情绪是生理本能，但每个人的情绪表达方式和情绪管理方式则是在后天的生活经历中逐渐形成的。很多人觉得负面情绪害人害己，是因为缺乏良好的情绪管理能力，我们需要做的就是把情绪这种本能和能量训练成让自己更成功、更快乐的能力，这种能力就是情绪智能。

心理学其实是最好的育儿学，孩子的情绪最容易训练。在孩子的生命中，第一个和孩子接触的人是怎么处理情绪的，会对孩子产生重要影响，会学着用同样的方式处理情绪。在一个家庭里，如果父母很幽默、很乐观，能够很灵活地驾驭情绪，那么孩子的情绪智能也不会差。所以，情绪智能代表的是更有艺术感的、更幽默的、更灵活的、更有意义的转化情绪的能力，我们现有的情绪处理方式是在自己多年的成长中逐渐形成并固化的。如果它不够强大、不够灵活，那么我们就需要刻意训练来提高自己的情绪智能。

第二节　情绪的分类：生存情绪和生命情绪

　　人类和动物有一些共有的情绪，比如恐惧、愤怒、高兴、悲伤。动物是不懂得驾驭情绪的，开心就大叫，愤怒就攻击弱者。如果我们不能驾驭情绪，像动物一样受情绪牵制，那说明我们并没有活出人类特有的意识性，当然，我们无法规避自身的生物性，但我们要刻意练习去进化自己的情绪智能。情绪智能高的人懂得升华、转化情绪，而不是伪装、掩饰情绪。有些人会压抑自己的生物性，不让自己愤怒、恐惧、悲伤。这样的做法不是一种升华，而是一种武装。事实上，一个人的情绪智能越高，越能在生物性的基础上活出高级的人性。

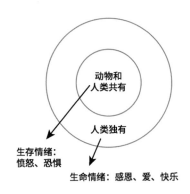

图18-1

生存情绪：愤怒和恐惧

　　生存情绪有两大核心的基本情绪：愤怒和恐惧。假如我们被扔在荒野里，迎面来了一只凶猛的老虎，这时我们只有两个选择：要么战斗，要么逃跑。逃跑是包括人类在内的所有动物的本能，战斗则需要强大的魄力和力量。最有力量的情绪是愤怒，所以当我们选择战斗时，我们是由愤怒情绪驱使的。但我们不会鲁莽行事，我们会即时判断，如果能打赢它，那就战斗；如果打不赢它，那就逃跑。逃跑需要什么情绪呢？是恐惧。所以，愤怒和恐惧是我们的两大基本生存情绪。对孩子来说，当看不到妈妈时会因为恐惧一直哭，如果一直得不到回应，就会产生愤怒。所以，对一个孩子来说，妈妈不在身边是天大的事，能唤起他们的生存情绪。对于每个孩子而言，生命中首次"安装"的恐惧和愤怒经历通常都与自己的妈妈有关。

如果面对这只凶猛的老虎，我们打也打不过，跑也跑不掉，我们还有僵化的本能，表现为瞬间凝固、无助、一动不动。僵化对个体成长也有正面意义，当我们处于僵化状态时，被伤害的痛苦就会变小。留守儿童的父母经常不在身边，他们不管是生气、恐惧、哭闹、大笑，父母都给予不了回应，所以他们就容易陷入僵化状态，仿佛将自己隔离起来，对外界漠不关心。人类和动物不同，动物的生存情绪是为了生存，而人类的生存情绪还关乎爱。

我们在遭遇一些重大事件后会有一段心理应激期，也就是创伤凝固阶段。在这段心理应激期，我们其实是麻木的、僵化的。面对失去，我们无法承受，为了让自己能活下去，不那么痛苦，情绪会出现凝固。所以，对于有着重大哀伤的人，咨询师通常前三个月内是不做任何干预的，就等待他们自然地度过心理应激期。在3~6个月内也只给予少量干预,6个月以后才做完整的心理辅导。当然,如果是突遭重大变故,比如父母突然离世,那就要格外留意和关注他们的状态,以免他们做出一些极端的行为。

动物的情绪与生存有关,而人的情绪和爱有关。在现代文明社会,人类的生存已很少受到威胁了,生存需要已得到满足,可依然保有愤怒和恐惧这两种生存情绪,根源是因为爱。当我们不被爱或者不自爱的时候就很容易愤怒,比如爱的人说自己不够好,这时我们就会感觉自己不被爱,为了证明自己足够好,值得被爱,我们会表达出愤怒,通过愤怒对对方的行为发起抗议,以此唤回对方的关注,进而感受到被爱的感觉。如果有很多人都觉得我们不够好,不接受我们,我们就可能因为恐惧而逃跑,因为我们害怕面对不被爱这个事实。所以人类的生存情绪服务于爱与被爱,因为被爱才有安全感,因为不被爱才会有应激反应。

有些来访者的负面情绪根源,就是感觉自己不被爱。一个人不被爱的本质是他不会爱自己,也没有办法教会别人来爱自己。所以,让他们看见自己的不自爱,是这类咨询的核心。这类来访者特别适合做接受自己法练习,因为他们有太多对不起自己的地方。原来他们觉得是别人对不起自己,因此对别人抱有很多负面情绪,并因此感到很愤怒。当做过练习后,他们才发现是自己太对不起自己、太亏待自己了。事实上,脆弱、恐惧、忧虑等情绪的根源,都在于个体没有好好爱自己。

其实,相比而言,更复杂的是麻木或超级理性的来访者。超级理性也是一种麻木的状态,这类个体是用理性来麻木自己的情感。这种咨询工作其实是最难的,因为咨询师一旦为他"解冻"情绪,他就会掉入一个遭遇愤怒和恐惧的状态中，我们要陪伴他度过这个阶段。如果一个麻木的人能够表达情绪，这就是一个成长的信号。可是对他来说，他可能觉得很可怕。他会说："我本来没什么问题，但是经过你辅导以后，我更痛苦了。"所以，我们做心理工作需要清楚来访者会遭遇什么样的心路历程，而且要给他提前"打预防针"。从这一点上，我们也能看到并不是人人都适合做心理辅导，真正能够完成心理辅导的人是需要一定勇气的。我们也不要过分担心心理辅导工作会伤害到来访者，因为来访者的潜意识是有能力决定对外界开放多少的。如果他的潜意识觉察到外部环境没有疗愈能力，那潜意识就不会对我们开放。换句话说，如果来访者在咨询工作中完全戒备，不愿开放自己的潜意识，也就意味着我们其实没有能力伤害他，当然也没有能力治愈他。

一个好的陪伴者要有能力帮助来访者"翻译"他的情感。咨询师不需要有多么精湛的技术，但要有一种平和的心理状态，能给来访者的情绪平和、稳妥的陪伴。咨询师可以这样问来访者："那下次我们怎么做才可以更好呢？"如果他哭了，咨询师可以告诉他："你很伤心，让我陪伴你度过这个伤心的过程。"咨询师既要做一个好的倾听者，又要做一个好的引导者。尤其是对一些自主性强的来访者来说，使用很多技术反而是一种干扰，因为他其实需要的是有个人帮自己理清情绪，并把他带到一个正确的方向上。

以上是关于生存情绪的内容。每当有紧急情况发生时，我们的潜意识会自动调动这些生存情绪，我们无须有意识地去努力，就能马上应对，这是生存情绪起到的作用。当我们没有生命危险时，就要训练自爱的能力了。越是自爱，我们就感觉活得越安全，越不容易被人触发生存情绪。当我们把爱寄托在他人身上时，我们就会时刻担心被抛弃、不被爱。所以作为成年人，我们不要把被爱的需求寄托在别人身上，而是要有爱的自给自足的能力。

生命情绪：生命层面的情绪升华

人类之所以能够实现高度文明，不是因为会讲大道理，而是因为人类的情感升华了。人类拥有共赢的情感，对同类有更多的理解，有想和全人类一起成长的渴望，所以才会不断进化和发展。人类独有的三大生命情绪是：感恩、爱和快乐。

典型的生命情绪是感恩。感恩能够化解很多负面情绪，当我们能够感恩这个世界，感恩身边的人，感恩自己得到的一切时，我们就能发现自己对这个世界多了些留恋。懂得感恩的人会给别人带来尊重的体验、祝福的体验、欣赏的体验。

动物活着是为了生存，人类活着则是为了爱。人的心灵最核心的需要是去爱和被爱。人和动物很大的区别就是，人能在去爱的过程中感受到价值感。虽然动物也有爱，但主要是本能的爱，比如动物妈妈对动物孩子的爱，而人类还会爱完全没有血缘关系的人，甚至会爱花草树木，这都是动物没有的爱的能力。对这个世界上的人、事、物都有爱，是生而为人独有的体验。

快乐也是人类独有的生命情绪。动物吃饱饭时也很安逸、享受，但这不是快乐。人的快乐是从内心里生发出来的，是在爱的过程中产生的。

比如婴儿看到妈妈时就会笑，这就是妈妈在身边时所带来的快乐感。如果一个人在小时候有非常多快乐的体验，未来就会成为一个能够幽默地、灵活地转化情绪的人。人类最高级的防御是幽默感，幽默也是人类独有的能力。动物不会刻意地逗我们笑，它们跟人类撒娇只是一种本能或被训练的结果，但人类的幽默是比较高级的，可以完全建立在利他心之上。如果我们能在生活里不断制造这三大生命情绪，就能活出更高级的人生。

情绪宜疏不宜堵，这就意味着我们不要压抑自己的情绪。情绪是心理需求的信号，如果我们一味压抑或忽略情绪，身体就会因能量淤积而生病。生存情绪是服务于我们的生存的，如果长期压抑这些情绪，我们的身体就会接受"我不想活下去了"这样的暗示。即便是关上门骂人，也有助于宣泄和表达情绪。虽然这种行为很野蛮，但我们要理解人类首先是一种动物，我们要学会关上门做"动物"，推开门做人。一些心灵练习背后的原理是教会人先"发疯"，之后才能优雅。一个真正放松的人才是有魅力的人。我们在允许自己有动物性的同时，要更多地去体验感恩、爱和快乐，只有这样，我们才能做一个完整的人。

第三节　情绪的另一种分类：表层情绪和深层情绪

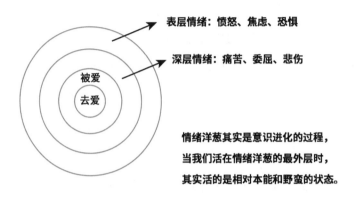

表层情绪：愤怒、焦虑、恐惧

深层情绪：痛苦、委屈、悲伤

被爱
去爱

情绪洋葱其实是意识进化的过程，
当我们活在情绪洋葱的最外层时，
其实活的是相对本能和野蛮的状态。

图18-2

在人际相处中，理念的不合会引起情绪的对抗，使双方斗争、疏远、冷漠、逃避。这种呈现在外的情绪状态其实是我们的表层情绪，表层情绪有愤怒、焦虑、厌烦、恐惧、压抑等，但表层情绪并不等于深层情绪。在两个人的关系中，表面上最先愤怒的那一个人反而内心是最脆弱、最痛苦的。所以往往在看似强硬的表层情绪下还存在着一些脆弱的深层情绪，比如失望、委屈、痛苦、悲伤。我们更擅长、更容易表达表层情绪，更习惯于隐藏深层情绪，因为深层情绪的表达更需要耐心和力量。如果一个人刚接触心理学或者刚开始做心理辅导，第一步需要训练的就是从破坏关系式的表达转化为示弱式的表达，能实现这一表达方式的转化，关系就会变得不一样。

这两层情绪的生成根源是爱，最让我们有情绪反应的人往往是我们最在意、最亲近、最爱的人。而我们也总是把那些负面情绪、人生里没有释放的情绪"奉献"给身边最亲近的人，所以真正生成个体情绪反应的其实是爱。即便我们某些情绪是在工作中产生，也是因为工作触碰了我们在生活里没有得到的爱的坑洞。

我们有被爱的需求，当需要别人的爱而又没有得到时，我们就会有情绪。除了被爱，我们还期待被理解、被认可、被关心、被需要、被重视，这些心理的需求才是我们情绪的触发点。当我们想表达自己的需求，又不会表达或者没有力量表达时，我们就会用情绪表达。

第四节　情绪的背后是爱被"看见"的需求 ○───────

如果我们只用情绪表达自己，别人很难读懂，也会容易因此恶化关系。当我们知道像洋葱一样一层一层地剥开情绪的外衣，清楚表达内心的需要，对方才会理解我们真正想要什么，也才有可能给予满足。真正疗愈关系的表达，其实在于转化并清楚表达真实需要。如果我们只是将情绪转化为"我渴望被你理解，我渴望被你关心"，这依旧还是将自己置于一种受害者角色，一种被动的状态。真正清楚表达出内心渴望的深层原因应该是思考：我为什么那么想被你理解？我为什么那么想被你爱？因为你是我爱的人。所以我们真正的内心需要是：因为我爱你，所以才那么需要你。因为我爱你，我才那么需要你对我好。当我们能真实表达出内心深处的声音"其实我是爱你的"时，关系的转化才真正开始。所以，一个人内在最核心的需求不是被爱，而是自己的爱被"看见"。

转化情绪可以分为四步。

第一步，放下坚硬的表层情绪。很多时候，我们在关系中的应对方式都是停留在坚硬的情绪层面，比如当对方伸出手指着我们，我们也会伸手指着他。可是这样解决不了问题，只会让关系更糟。因此，转化的第一步就是先放下情绪。虽然这一刻，我们可能也很生气、很愤怒，可是依然要学会先放下表层情绪及因情绪做出的行为。

第二步，表达脆弱的深层情绪。我们可以对对方说："当你这样指着我的时候，我除了愤怒，其实还很伤心、难受，这一刻我是很脆弱的。"当我们能真实表达脆弱的深层情绪时，效果就会不一样。除了表达自己的脆弱，我们还可以表达对方的脆弱。我们可以对对方说："其实你也很难过，我没能理解到你的一些难过，我为此很抱歉。"当我们能看到对方的深层情绪时，他的反应也会变得不一样。所以表达深层情绪，不只是表达自己的，还要表达出对方未表达出来的情绪，这样关系就缓和了。

第三步，表达对爱的需要。关系中的两个人其实都需要对方的爱，"我想被你温柔对待，我想你也希望得到我的爱，我们都需要被理解"，这就是关心对方的内心声音，如果双方都能看到彼此内心对爱的需要，又能表达出自己对爱的需要，就能实现共赢。

第四步，表达内心的爱。我们不仅要表达自己对爱的渴望，还要表达出"我其实是爱你的，爱可以让我们有不一样的表达，我也希望你看见我对你的爱"，即我们对对方的爱。一旦我们能够"看见"自己，"看见"对方，表达的就不只是情绪，而是内心的爱和力量，让关系得到支持。双方都能够把内心的爱表达出来，转化才真正发生。其实我们表达爱的时候不一定非要说"我爱你"，告诉对方"你是我最爱的人"也是一种有力量的爱的表达。

先表达，后转化。当我们能通过这四步来表达情绪时，我们才能转化自己的情绪，也就能引导对方实现情绪的转化。这四步看起来很简单，但在真正的情绪沟通中要顺利实践并不是一件易事。这时候，"绕"也是一种尝试，不管我们在这个转化过程中花了多长时间，只要能够达到核心点，像剖开层层洋葱般表露出最核心的情绪和藏在最心底的声音，转化就发生了，两个人的爱就能流动起来。

情绪洋葱反映出了意识的进化。当我们活在情绪洋葱的最表层时，其实活着的是相对本能和野蛮的状态。事实上，当我们能表达"我需要被爱"的时候，转化就已经开始了，对方也能被我们影响，能给我们所需要的支持，我们也会有爱对方的能力。所以，被爱和去爱的过程是相互渗透的。

有人说自己根本就不爱对方，吵架的时候也是拼命压抑自己。其实，之所以感觉不爱对方，往往是因为个体还没有发现关系中爱的部分或者还没有真正地"看见"对方。压抑是一种冷漠的情绪，伤人伤己。在吵架的时候可以试着换一种表达方式："其实我很生气，我本来就很委屈了，你现在和我吵架，我更委屈了。其实我很孤独，所以我需要你在我身边陪陪我。如果我最爱的人、最爱我的人都不能支持我，那我就更孤独了。你是我最爱的人，你是我最在乎的人，我需要你的支持。"

但很多人说不出口，觉得说"我爱你"太难。对于这种人，他们需要思考："自己除了不愿对爱人说'我爱你'，是不是对其他的人也不愿意说？"他们要追溯一下自己最早不愿意说"我爱你"是从哪里习得的模式。有个个案认为可能和自己小时候的叛逆有关。因为妈妈总是要求自己做好人，对所有人都好，所以在她的意识里爱别人就像必须要完成的任务，意味着必须要牺牲自己。因此她在和老公的关系中也有对妈妈的投射，她在妈妈那里没完成的叛逆想在老公这里完成。所以，表面上看，是她和老公的关系有问题，其实是她和妈妈的关系还有需要解决的问题。

因此，当一个人找到了情绪转化的关键点，他和别人的关系模式才会有所改变。上文个案的妈妈可能是父母中比较弱的一方，她之所以有那么多要求，甚至把自己的孩子也"卷"进来做这些事情，是因为妈妈的内心更缺爱、更无力。某种程度上，个案和妈妈一样，把没能说出来的"我爱你"都变成了行动，她觉得自己已经为老公做了那么多，就不用再说"我爱你"了。妈妈也是不停地用付出来代替说"我爱你"，最终的目的是想换取爱。其实，用行动表达的爱永远没有用言语表达的爱直接，父母更不善于用言语表达爱，因此我们要主动学着用言语表达爱。比如该个案可以对父母说："妈妈，其实我和你一样，我越是不能说'我爱你'，我就越像你，我用和你一样的方式来表达我爱你。你一直以来是用付出表达爱，现在我说一说就能表达爱了。"

我们可以用下面这个表达和转化情绪的练习来学着表达自己的爱和对爱的需要。

表达和转化情绪练习

两人一组，其中一人是主动角色 A，另一人是被动角色 B。B 坐在旁边充当道具，A 把 B 主动投射成生活里的一个"重要他人"，面对 B，A 有很多未表达的情绪。

以将 B 投射成妈妈为例，A 可以对 B 说："妈妈，和你在一起的时候，我会表现出很多表层情绪，比如生气、恐惧、害怕、冷漠。其实我心里很委屈，我想要你的拥抱。我和你在一起的时候，深层情绪是脆弱的，有时候是心痛的。"

当 A 能这样表达自己内在的脆弱时，意味着将自己柔软的内心呈现出来，妈妈的心也相应呈现出柔软的能量。然后，A 可以继续向 B 表达自己对爱的需要："我想让你温柔地对待我，我想让你说爱我。当我感到脆弱的时候，我想让你理解我。妈妈，我也是爱你的，但因为太爱你，所以我不敢说。妈妈你能爱我吗？我也想爱你。"

在练习中，练习者要尽可能地把想表达的真实想法表达出来，让对方能接收到自己的爱和对爱的需求。最后，两个人可以拥抱，或用喜欢的方式来表达爱，让爱流动起来。但事实上，即便我们投入练习，在结束后可能仍然会对对方存有情绪，这很正常。如果我们对被投射的"重要他人"存有强烈的情绪，或在练习中没有使用精准的语言表达，都会造成情绪的滞留。所以，我们需要不断进行实践练习，训练自己对淤积情绪的层层剥离、精准表达。当我们能够精准表达的时候，因为情绪能量的流动，内心会有震动的感觉，对方也会有相同的体验。这时候，情绪就变成两个人相爱的能量，而不再是相互伤害的能量。

第十九章

情绪智能

情绪有三种作用：表达、连接和成长。

通常一提及情绪，我们就会本能地将情绪视为洪水猛兽，"情绪化"也常常出现在对别人的负面评价中。仿佛真正厉害的人都能成功管理情绪、压抑情绪、对抗情绪，甚至"戒掉"情绪。情绪真的那么可怕吗？不，情绪反而是非常有意义的。我们要智慧地把它转化得让人生更有意义，这种能力是情绪智能。所谓情绪智能，就是识别和理解自己与他人的情绪，并以此来解决问题和调节行为的一种能力，简称情商。

我们都知道，身体问题和心理问题密不可分。绝大多数的身体疾病都和情绪有关。特别是当我们压抑和否定负面情绪的时候，身体会相应地付出代价，比如患上呼吸系统疾病、乳腺疾病、心脏病等。以愤怒为例，愤怒原本是我们身体的正常反应，可是身边的"重要他人"经常告诉我们不能愤怒，要喜怒不形于色。于是我们就将这种要求内化成一种无意识的自我暗示，当我们感到愤怒又不能表现的时候，身体就会特别不舒服。就愤怒而言，男人的愤怒强度会比女人更大，这些未被表达的愤怒容易积聚在丹田部位，所以男人容易有啤酒肚，胃肠和肝脏常常不适。当有人惹怒我们时，我们如果把这种愤怒表达出来"这件事让我非常愤怒，我都快气死了"，就会感觉舒服多了。因为表达意味着愤怒这种情绪被我们的身体允许、接纳，同时，这份被表达出的情绪也被自己觉察到了，我们能够确认自己这一刻的感受是什么。这就是情绪智能里的第一项能力——觉知力。

第一节　情绪智能的觉知力

情绪并非凭空出现，而是在释放一种信号来提醒我们去关注那些未被满足的需要。情绪智能的觉知力表现在两点上，一点是对情绪的觉察，另一点是对情绪的认知。觉察情绪是指在每一种情绪出现时，觉察当下的体验，而认知情绪是指认识情绪的各种表现，能识别、分辨情绪。有时候我们虽然知道自己有情绪，却总是忽略它，不允许自己表达出来，并用很多方式压抑情绪。但其实，让自己舒服很简单，就像愤怒，我们不一定非要通过打人的方式来释放，仅仅觉察到自己有这种情绪就可以将其表达出来。

我们在养育孩子的过程中也一样需要这项能力。我们都知道，父母是孩子情绪的容器和转化器。当我们观察到孩子的身体蜷缩在一角，脸上的表情不是那么开心时，不要试图用转移注意力的方式哄孩子开心，来让孩子忘记不快，这其实是一次帮助孩子觉知情绪的好机会。

第一步，我们可以尝试一下情绪的"曝光"技术。我们成年人根据已有的生活经验和对孩子的细微观察，很容易就能知道孩子怎么了。我们要尝试使用孩子能听懂的语言，比如："妈妈看到你有些不开心，你能和妈妈说一说吗？"

要知道，孩子没有能力识别"难过"这种情绪，所以也不会向我们主动表达"我很难过"。我们能做的就是制造机会让孩子分享自己的真实情绪，还要像容器一样承接孩子的体验，然后再将这些体验转化成语言表达出来，让孩子理解自己是怎么了。

第二步，我们可以和孩子一起想办法，看看当下怎么能开心一点、舒服一点。这个过程最关键的是和孩子在一起，父母是孩子最好的心理辅导老师。网上有一段话是这样说的：在妈妈身边待半小时，相当于找心理医生六次。相信每个人小时候都有这样的体验，当你身上哪里不舒服时，妈妈抱着你，把手放在疼痛的部位，疼痛感就会立刻减轻。可能妈妈并没有做什么，但孩子仍然觉得妈妈的做法有支持力，因为自己的感受被"看见"了，疗愈就发生了。

情绪智能的觉知力还能帮助我们觉察并识别他人身体里流动的情绪。在没有掌握情绪智能的觉知力之前，如果有人用手指着我们说"滚"，我们可能立马就会情绪失控，不受控制地和对方狠狠地较量一番。这是因为对方的愤怒激起了我们的愤怒，所以我们也以愤怒来应对愤怒。而真正有智慧的做法是，我们不要掉入对方的情绪圈套中，这是情绪智能的第一步。等到我们更熟练地"玩转"情绪后，再有人说"滚"，我们可能会觉得"真好玩，原来愤怒情绪是这样流动的"。我（徐秋秋）经常举自己和爱人的例子，以前我一生气就对他说"你滚出去，这个家是我的"，爱人不仅不发怒，还会用幽默的方式转化我的愤怒："请问，我用什么姿势滚出去？"这样一说，我瞬间没有情绪了。

当然，"玩转"情绪的前提是，我们能理解情绪不是一种消极体验，也知道每种情绪对我们的人生到底有些什么积极意义。还是以愤怒为例，思考一下是先愤怒的人还是后愤怒的人更有力量？其实前者更脆弱，因为他需要借用更笨拙的方式才能表达自己的观点，这是没有力量的表现。如果我们理解他在用愤怒来增加自己的力量，那就不会也用愤怒来应付他，我们会对他抱有一份爱和慈悲。也就是说，当我们对情绪有不一样的理解力，就更能理解别人的脆弱和需要。

第二节　情绪智能的理解力

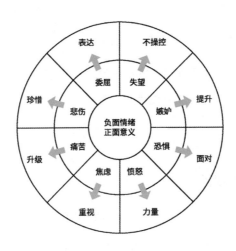

图19-1

　　我们很容易理解积极情绪带来的正面意义，却不容易理解负面情绪带给我们生命的价值。情绪智能的理解力能帮助我们重新定义负面情绪，并更具智慧地运用它。我们越是对抗负面情绪，就越不能从中汲取力量，也无法运用这些情绪。我们可以想一想，生活中经常困扰自己的负面情绪是什么？自己最不喜欢别人对自己有什么情绪？我们会发现，对于自己不喜欢的负面情绪，往往也不喜欢别人对我们有这种情绪。也就是说，如果我们有难以表达的情绪，那么在别人向我们表达时，我们同样也会不舒服。所有的根源都是我们还没转化和这种情绪的连接，也没有用另外一种视角来理解和体验这种情绪。

负面情绪的正面意义

我们可以选择8种负面情绪来体验和讨论，这8种情绪分别是：委屈、失望、嫉妒、恐惧、愤怒、焦虑、痛苦、悲伤。接下来，随机抽取写有这8种负面情绪的纸条，抽到后，想一想有没有可能在生活里去除这一情绪？如果不可能，那就思考一下它的正面意义是什么？

委屈，对表达的提醒

当我们感到委屈的时候，背后的诉求是我们想表达内心的需要，并期待别人更加理解我们。另外，委屈背后可能还潜藏着一种应该得到却没得到的认可，一种想说却不能说的压抑。最常见的委屈是，有些人在成长过程中明明已经表现得很努力、很优秀，却始终没有得到过父母的认可，他们就会觉得很委屈。一般来说，孩子在童年时期常体验委屈情绪，因为他们没有能力直接表达自己真实的需求，但其实很多成年人也无法自如地做到这一点。

所以，委屈提醒我们的是：第一，及时表达需要；第二，不要用委屈"绑架"别人。只有孩子才有"别人应该给我点什么"的需求，并以委屈的手段来得到需求的满足。但是，作为成年人，没有任何人应该给予我们什么。委屈可以提醒自己别做孩子，而是把它转化成表达需要，这才是成年人的行为。

在平时的培训中，有些学员很擅长用委屈来"绑架"导师，他们会表现出一副楚楚可怜的模样，不停地来找导师，缠着导师来关爱自己。这时导师就可以尝试运用一下情绪智能理解力，直接告诉学员委屈的真相："你现在已经是一个成年人了，要自己想办法减少受害感。"

失望，对操控的提醒

失望和期待是一对形影不离的概念。有期待才会有失望，期望越高，失望越大。这种期望既有对自己的，也有对别人的，而且对别人的可能会多一些。我们会苛求对方完美，不允许对方有任何缺点，或者对方只能按照我们心中的样子呈现。从期待到失望转化的过程中，一般都伴随着试图改变他人的企图。因此，失望的背后其实是操控，一旦操控不成功，我们就会失望。

对自己失望是开启了一种自我打击的模式，因为我们总是试图表现完美，或者总是拿自己的短处去和别人的长处比。对别人失望其实是一种没有界限感的表现，我们把别人放进自己的评判标准里，我们不够尊重别人的自由意志，也不能接受他本来的样子。当然，失望也是一种提醒，提醒我们学会成长，接受自己本来的样子，也能学会支持别人成长，不再操控别人变成我们想要的样子。

嫉妒，对提升的提醒

当我们通过对比发现别人比我们好，或者在心理上比我们更优越时，我们就会试图通过嫉妒来打击、拉低对方，以此来实现双方平等的心理位置，并找到内心的平衡感。

嫉妒会滋生两种行为方式。第一种方式是通过造谣、诬陷、贬低等扭曲现实的手段来降低对方在我们心中的高大形象。第二种方式是坦然接纳对方比自己更好这一事实，并决心努力提升自己，让自己也变得和对方一样好。因此，嫉妒情绪是在提醒我们要提升自己，嫉妒的正面意义是成长。

恐惧，对面对的提醒

恐惧确实是人类自我保护的本能反应，会让我们远离一切可怕的情境。但有些时候，恐惧这种防御机制可能也会让我们失去很多直面困境的机会。每当我们以为某件事很可怕并且引发恐惧的时候，就会采取逃避的态度。但事实上，这件事根本没有看上去那么棘手，我们也不需要用恐惧过度保护自己。逃避只是为了让自己更心安理得地待在舒适区内，屏蔽了一切面对内在压力、实现积极成长的考验。所以，恐惧其实是提醒我们要有面对的力量。

愤怒，对力量的提醒

有亲密关系中，很多夫妻都会因为对方没有满足自己的期待而吵架、愤怒。但是愤怒的背后，其实是两个人都在用力提升亲密关系。愤怒会让我们看起来更有力量，而且我们只会对某些核心关系中的人愤怒。对于夫妻来说，在了解到愤怒是对力量的提醒后，可以尝试在愤怒中添加一点爱的元素，告诉对方"我为什么对你那么生气，就是因为我爱你啊",这样沟通的效果就不一样了。与其把力量花在吵架上,不如用在创造结果上。这就是一个力量往哪里用的问题。

焦虑,对重视的提醒

焦虑的背后是我们担心自己做不好某件事,也没有做好充分的准备去应对。因此,焦虑对我们来说其实是一种重视,只是我们对自己重视的事情还没有想到更好的解决办法而已。焦虑是在提醒我们要想办法增加资源,比如在内在提升自己的力量,在外在寻找有价值的资源。

痛苦,对升级的提醒

有些人可能因为家庭、工作、亲密关系而深陷痛苦的状态中,但后来再回忆这段经历时,又觉得这种痛苦让自己得到了成长,在未来应对类似事件时变得更有效、更游刃有余。所以,痛苦其实是能让人成长和成熟的。很多来访者都是在关系中感受更痛苦的那一个,家庭咨询中能坚持到最后的也是更痛苦的那一个。也就是说,谁先体验到痛苦,谁就能先成长。

悲伤,对珍惜的提醒

悲伤是一种情绪的表达、情绪的舒缓,也是一种情感。我们往往在失去亲人的时候最悲伤,甚至可能会因为亲人的离世,整个人生状态会变得和以前不一样,仿佛一夜之间长大了。所以,悲伤其实是一股巨大的力量,与其停留在失去的悲伤里,不如将这种力量用在珍惜现在拥有的。

　　了解这8种负面情绪背后的正面意义后，我们接下来做一个改写负面情绪的练习。

改写负面情绪练习

　　将"我不想要（不喜欢）A"改写成含有正面意义的语句："我需要A，因为A可以提醒我……，帮助我……，我要运用它……"

　　举例：我不想悲伤，我不喜欢悲伤。

　　改写：我需要悲伤，因为悲伤可以提醒我珍惜现在所拥有的，帮助我不再深陷失去的悲伤里，所以我要运用它让自己变成一个更懂得珍惜的人。

　　这样改写以后，体验一下内心会有什么感觉。

第三节　情绪智能的运用力

每个人都可以想一想，情绪到底在我们人生中起到什么作用？在过往的人生里面，情绪到底给我们带来了什么？总结一下，其实情绪有三种作用：表达、连接和成长。

情绪的表达作用

我们在关系中会产生各种情绪，其背后都有相应的心理需要，而满足需要最简单、最有效的方法就是真诚地用语言描述自己的情绪。如果我们不会用情绪来表达自己，那么关系的相处很有可能变成一个煎熬的过程。比如很多妻子对丈夫有情绪，但是她们往往不会直接表达不满，而是选择用唠叨不休来发泄情绪。哪怕事情已经过去很久，妻子可能还会通过翻旧账的方式来诉说自己的委屈。而对方为了避免冲突，往往会用冷战来隐藏自己的愤怒。久而久之，双方的亲密关系就慢慢疏离了。

情绪的连接作用

情绪连接是通过暴露情感、感受和表达信任的行动建立起来的。任何一种关系都需要情绪连接来滋养。当我们能够了解彼此的情绪需求，并确信对方愿意回应和支持我们的情绪时，情绪连接就发生了。

有时候，夫妻双方争吵得特别激烈，这时候只要有一方能说出"其实我是爱你的，我们为什么不能好好沟通，非得用吵的方式呢"，一般来说，另一方就会"缴械投降"，脸上露出满足的微笑。承认自己需要对方，就是建立情绪连接的开始。当亲密关系中的两个人感到安全的时候，内在需要得到满足的时候，会不由得敞开心扉、寻求心灵的连接和情绪的同频共振。

情绪的成长作用

没有学过心理学的人可能会认为，心理咨询师太可怕了，他们仿佛能看穿一切，自己和咨询师在一起就好像没穿衣服一样，毫无隐私可言。这种咨询师是分析派，而我们要做支持派。也就是说，我们对别人的观察都是用来支持他的工具，而不是透视他的工具。我们通过观察和理解当事人的情绪来与他产生连接，支持他发现、表达自己的情绪，并得到一份有正面意义的成长。

其实，很多未完结事件或者未表达的情绪体验，都是我们成长的资源。我们用一个个案来具体展现这一点。

实操举例

个案问题：童年被抛弃的恐惧感

个案：你刚才一说到情绪，我立马就陷入某件事中。我不是不想走出来，而是不知道怎么走出来。

导师：这是一种无助的状态，而且可能是小时候体验过的无助感，接下来试着先表达自己的无助。可以想一下自己最需要谁？是爸爸还是妈妈？

个案：应该是妈妈。

导师："应该"这个词是头脑中理性的声音，这个词代表我们正逃避真相。这个时候，你可以试着说"爸爸，我需要你"。当然我还不知道具体事件，但通过这几句话，我就能知道你脆弱的核心是什么。说到爸爸，你有感觉吗？

个案：没有感觉，我很害怕孤独。小时候，父母把我关在家里，我醒来后发现家里一个人都没有，所有的门窗都是锁着的。我打碎窗户上的玻璃爬了出来，这种被遗弃的感觉，到现在都是一直存在的。

这是个案的内在图画，而且这些图画会变成一种经验。每当他一个人在家，或者亲近的人忽然消失了，他的恐惧就会启动"按钮"，自动回到小时候那种害怕的、被遗弃的画面。为了预防这幅图画再次出现，他就干脆不和别人来往，一个人待着。他是基于童年情绪体验的图画来运作现在的人生，而不是真的活在现在这个时空。

导师：那个时候，你几岁了？

个案：大概七八岁。

导师：所以每当你重复类似情感体验时，就会像一个七八岁的小男孩处理当时的事情一样来处理现在人生中的问题。现在能让那个七八岁的小男孩长大的不再是别人，而是你自己。对于七八岁的你来说，似乎只有砸开窗户爬出来这一种办法。现在再去回想那幅画面，想象有了一个"长大后的你"告诉"七八岁的你"："别怕，我来陪你，我带你出去。"这样就可以重塑一种全新的身心经验。你还可以买一个毛绒玩具，晚上将自己关在一个漆黑的房间里，把这个毛绒玩具当成七八岁的自己，陪伴他睡一晚上。这个过程叫作刻意重演，也可以帮助你勾勒一幅新的画面。

个案：我确实很同情那个七八岁的自己，觉得他很无助。

导师：如果你是那个"七八岁的你"，你确实没有力量陪伴他，可是"长大后的你"有力量陪伴他。现在你可以想象着进入那个房间，牵着"七八岁的你"，跟他说："我带你出去玩，爸妈不在，我来陪着你。"你砸开窗户带他出来，和他自己砸开窗户出来，这两种效果是不一样的，前者有一种支持力。

你还要看到的是，无论那时候发生了什么，现在你已然长大了。实际上，你当时确实会想象一些可怕的事情会发生，正是这些念头让你产生一种被遗弃的感觉，但最后爸妈其实也回来了。总之，你只是把画面定格在了一个恐惧的体验里面。现在，你把这幅画面展开，就像一部电影一样连续演下去。你将画面停留在睡醒后发现爸妈都不在，自己感到恐惧的那一刻，所以你才会永远长不大。现在，我们就让这幅画面动起来。

个案：我有点失忆了，记不住后面发生了什么。

导师：这或许是故意失忆，你在故意记住一幅带有创伤的画面来惩罚父母。因为后续的故事一定是你找到小伙伴一起玩，爸妈也回来了。

个案：确实，我爬出窗户后到邻居家，结果邻居家也没人。我又爬上邻居家的门，才走出去。

导师：这对那个年纪的你来说真的很了不起，这绝对为你未来成为一个真正的男人奠定了坚实的基础。接下来，试着让画面继续展开。

个案：爸妈回来后发现我不在，他们很着急、很愧疚。

导师：继续展开，直到停留在一幅舒服的画面中。

个案：我小时候经常在外面玩一整天。

导师：所以，那个画面可以是：父母一直在家牵挂你、等待你，只是不会表达。总之，我们要将那幅定格的、带有创伤的画面延展开来，直到一幅舒服的画面出现。

只有固着的画面松动了，我们才能看到更多的事实，我们的某些信念就开始松动，并开始从情绪中抽离出来。所以情绪最深刻的意义就是让我们成长，能表达自己，连接他人，心智更加成熟。

第四节　情绪智能的舒缓力

情绪是我们身体内与生俱来的一股能量。如果我们没有觉察它、驯服它，或者与它和平相处，那这些能量往往会反过来操控我们。我们可以想一想，自己在日常生活中是怎样舒缓、平复情绪的？当我们有情绪的时候，是怎么和它和平相处的？我们往往在身体层面去"努力"，比如暴饮暴食、疯狂暴走，但其实更有效果的是呼吸放松法、本体能量法和保险箱技术。

1.呼吸放松法

心理学、催眠、正念等领域都很重视呼吸，其实，我们身体里的情绪能量流和呼吸能量流是可以同步运作的，我们可以借助呼吸来舒缓自己的情绪。每当我们有情绪的时候，能量想要冲出来的时候，就可以借着呼吸的频率来运作内在的能量。我们并不是压制住它不释放出来，而是让它和我们的身心更和谐一致地相处。呼吸放松法可以作为本书所有练习的前奏，也可以单独提炼出来作为一个独立的练习。当然，我们不一定非得在有情绪的时候才可以做这个练习，在没有任何情绪刺激的情况下也可以经常做，尤其是心理工作者。

呼吸放松法练习

首先尝试腹式呼吸，把手放在丹田处，吸气的时候想象空气由鼻腔到丹田，呼气的时候嘴巴微微张开，和鼻腔同步。吸气和呼气的同时还可以将双肩、双臂伸展，这是我们最容易紧张、想要去战斗的两个身体部位。总之，就是想象整个身体很和谐、放松。

慢慢地，我们可以选一个感觉身体特别舒服的姿势。想象我们的心打开了，内在有了更多的能量和智慧，眉头也舒展开来。我们在内在观察到能量更顺畅、和谐地流动，并且和外在也能更自如地交换。那些让我们有情绪的事会变得越来越小，离我们越来越远，我们也不会因为外在的事而牺牲自己的能量。

直到放松的感觉一直蔓延至手指尖和脚趾尖，所有注意力都在如何让自己更和谐、更舒适上，再慢慢把自己带回到所处的空间，和周围有一点连接。

在心里默数三个数，然后睁开眼睛，搓热手心，用掌心捂住双眼，稍后再拍打一下面部，给自己一些能量。

从生理学的角度来说，呼吸放松法可以让我们的脑部供氧更充足，更快地和自己的心建立连接，这样再去应对事情时所用的策略也会变得更加智慧。特别是在心理咨询中，如果来访者一直呼吸急促地讲故事、不停地抱怨，咨询师要做的就是用更平静的方式关注他，并借由呼吸放松法将他带到心灵深处。这是整个咨询过程中的第一步。

心理辅导不是两个人聊聊天、说说话、讲讲故事，而是咨询师能够引发来访者心灵中真正的智慧。因为所有的答案其实并不在外在，而是在来访者的心灵里，我们要帮助他进入并探索自己的内在。我曾接待过一对夫妻，他们一到咨询室就开始讲故事，我保持平静的呼吸，并用和自己的心灵在一起的状态去关注他们，读取他们内在的故事和画面。表面看，两个人对彼此有很多抱怨，可是我看到的是两个可怜的、缺乏爱的人。

所以，我刚开始给他们的回应是："其实你们两个人是一样的，都想要对方来拯救自己。如果现在需要有一个人先站出来救自己，才能救对方，那谁是第一个能站出来的人呢？"我用这个方式让他们都把焦点放在自己身上，并由此引发他们的很多谈话。很有趣的是，每个人都在谈自己过去的经历，男方还谈到了已去世的前妻，然后开始落泪。这些都是因为我把他们从理性层面带到心灵层面，所以放松呼吸这一步是特别重要的。

每个咨询师都有足够的义务引发来访者说的每一句话都是心里话。他们刚开始可能说的不是心里话，甚至都不说关于自己的，只是在说别人的问题。在这个过程中，来访者可能时而投入，时而逃脱，时而屏蔽，时而触动，时而投射。不管怎样，我都会通过呼吸将来访者带到心灵层面。时间长了，来访者找我做咨询时都是在表达情感，说出爱。如果能顺利地在咨询室中进行表达，那么他回到生活里也能慢慢学会这样表达。很多时候，来访者困惑的真正根源是在家里不说心里话，而是用情绪来包裹自己的真实需要，其实，任何关系都需要一个最先有力量说出心里话的人。

有一年，我（徐秋秋）姨妈帮我照看孩子，她习惯从负面角度看待问题，而我习惯用心。每当孩子提出一个问题，我都会用心去感受并给他更正面的导向和力量。孩子很疑惑："为什么对于同样一件事情，在我妈妈眼里都是正面的，在姨姥姥的眼里却都是负面的。"当他这样说的时候，我很欣喜孩子有这样的觉察力。我也在思考自己是怎么做到的，其实诀窍就是说心里话，我时刻让自己的呼吸保持平稳，这样既能让自己更有智慧，又能好好地爱对方。

2.本体能量法

情绪无法仅靠理性来控制，我们还可以配合一些身体部位来舒缓情绪。我们的身体有一些本体能量点，比如额头、大椎穴（低下头，后颈部最高的部位）。接下来，我们再学习两个和本体能量有关的技巧，让情绪更和谐地和呼吸法协作，这两个技巧分别是混合法和生理平衡法。

混合法练习

双脚和双手交叉，哪只脚朝外，哪只手也同步朝外。然后翻转双手至两只手掌心相对的状态，十指相扣，最后朝向身体这一侧，将双拳反转至正上方并置于膻中穴，也就是离心脏比较近的位置。头可以微微低下来，双肩放松，保持这样的状态进行腹式呼吸。想象整个身体就像一个连接天与地的管道，我们通过呼吸把散在外面的能量带到身体的中心轴位置。如果过程中感觉疲惫，也可以交换一下双腿和双手朝外交叉的方向。

当我们感到焦虑、无法静心的时候，就可以用这个练习。一般来说，练习5分钟之后，我们的能量就能从散乱的状态开始集中，内心的力量也会更多一些。而生理平衡法虽然也可以让我们放松，但更适合在要去做一些重要的事情，但当下有点疲惫，能量和思维都比较散乱的情境下使用。这一方法也可以用于平复情绪，比如失眠时。还可以应用在咨询中，比如来访者突然被触发了某个情绪点，反应特别激烈，当下不受控制，咨询师就可以配合这个练习帮来访者平复情绪。

生理平衡法练习

首先找到眉毛的中心点，垂直向上延伸至这个中心点和发际线的中间位置，然后用两个手指将这个中心位置轻轻按住，再将另一只手的手掌心放在颈后的大椎穴。期间，身体保持完全放松，头自然下垂，还可以配合几次深呼吸。

通常持续这个动作1分钟后，激烈的情绪就能慢慢平静下来。这些本体能量其实本就是我们身体里的智慧，我们会发现，妈妈抱着婴儿的时候，婴儿的头部枕到妈妈手臂的部位就是大椎穴，妈妈也会很自然地轻抚孩子的额头来舒缓他的情绪。特别是孩子哭闹的时候，妈妈会抱起孩子让他趴在自己肩上，一只手抱着他的后背，另一只手放在他的大椎穴位置，轻轻地拍他，他很快就平静下来了。其实，我们人类本身就有智慧抚平自己和他人情绪的能力，这种本体能量的运用也是实现自我拥抱的过程。

如果孩子摔倒后受伤了，妈妈其实不需要说什么，只需要安静地把他抱在怀里，给孩子创造机会在妈妈的怀抱里表达完情绪，他的伤痛自然就能得到疗愈。很多孩子在摔倒后留下心灵创伤，根源就是妈妈不在场或不知道拥抱他，只会在旁边理性地安慰孩子没事，要坚强。说教对安抚情绪是没有用的，只有身体的接触才有效。因此，我们要多关注自己的身体能量，多拥抱自己，多做一些身体层面和本体能量层面的工作。

3.保险箱技术

我们在前文介绍的保险箱技术会调动潜意识自动地把情绪放在保险箱，这样我们的人生就多了一种即时照顾自己情绪的能力，可以迅速调动内在的一些资源和画面，并有效地改善自己的状态。我们虽然了解情绪，可在现实生活中面对一些突如其来的情绪时，我们既控制不住，当下也没有好的处理办法，而且还有其他事情要处理，这时候就可以运用保险箱技术。我们可以告诉自己：我先把情绪暂时放在保险箱里，当我有时间能够静下心来时会继续处理这种情绪。

此外，我们还可以把保险箱技术运用在咨询中，比如来访者在访谈时间结束时，又引发了某种情绪，但我们已经没有时间去帮他处理了。这时，我们可以运用保险箱技术把他的情绪"打包"放进保险箱。这样做，一方面没有忽略他的情绪，另一方面又可以适时地结束咨询，同时来访者的潜意识也得到了尊重，这是一个能处理自己和他人情绪，让我们的理性和感性配合得更好的技巧。

以上这些看似简单的练习其实能有效转化我们的心智，让我们从问题框架变成资源框架，我们要感谢并欣赏人生中出现的这些情绪。因为它们都是来提醒我们，让我们既在当下照顾好自己，又可以着眼于让未来变得更好。

如果我们在平时很少觉察自己的情绪，感觉自己一切都好，完全不理会潜意识释放的很多信号，那么当我们遇到问题时，往往来不及应对就直接崩溃了。我们会发现，特别理性的人要么不生病，一生病就是大病；要么不出事，一有事就极具破坏力。我接触的很多来访者也都是这样的，他们在很长一段时间都在忍耐伴侣，到来做咨询的时候，关系已经破裂到修复起来都很困难的状态。情绪智能会让我们对自己和他人的情绪多了一份觉知力、理解力、运用力和舒缓力，让我们的人际关系更和谐。

第二十章

情绪的基本训练

change

收回投射法、感知位置平衡法、情感失衡与纠缠处理。

　　情绪智能能帮助我们在与人沟通时借用情绪产生一些新的心智策略，并推动自己的成长。在咨询中，我们常常看到来访者大部分时间都在讲故事，他们讲述的故事到底有几分真，几分假？哪些是客观的，哪些是主观的呢？我们几乎无法知道事情的真相。

　　虽然每个人都活在自己的故事中，但最真实的、不能替代的还有情绪。如果我们能在来访者的故事中准确地切入情绪，就等于发现了来访者的内在真相，进而才能有机会去帮助他转化问题。

第一节　梳理情绪背后的根源◦————————

梳理情绪的过程可以分成四步。

第一步，请来访者讲述让自己有情绪的事件。通常来访者在描述事件的时候，无法精准地表达情绪，在他讲述的时候，我们要观察并识别他的情绪体验到底是什么。

第二步，请来访者谈论自己在事件中的情绪体验。在来访者谈及情绪的时候，我们就可以开始同步制定一些策略了。另外，来访者的深层情绪比表层情绪更诚实，越内核的情绪越贴近事件的真相，也越容易得到转化。情绪的状态是立体的，即便来访者的情绪表达不出来，我们在旁边也能观察出来。我们要做的就是剥开情绪的"洋葱"，一层层地转化：你谈到对伴侣很生气，那你最脆弱和受伤的感受是什么？你的真实需要是什么？一般来说，在触及脆弱和需要这个层面时，我们就开始贴近真相，贴近来访者成长过程中的坑洞了。

通常，来访者的脆弱往往源自小时候没有得到疗愈和修复的创伤。也就是说，来访者对伴侣的爱与被爱的需求，很多时候可能都是对原生家庭的需求。在和父母沟通相处的过程中，他的脆弱没有容器可以承接，那是一种裸露着的脆弱。为了让自己好受一些，他们选择用愤怒等硬壳情绪包裹自己。当我们探索到情绪的这个部分，就能探索到来访者的心灵真相。

第三步，找到情绪和事件中的正面意义。所有事件的发生都只有一个目的，那就是历练自己成长。来访者只要发掘出情绪中可以用来成长的正面意义，爱就能流动起来，来访者也能对自己多一分好奇。

第四步，一起策划再遇到类似境况时可以用的新策略、新模型、新做法。 假如没有前面三步的铺垫直接进行最后一步，来访者通常很难发生稳固的"质变"。只有这些情绪被真实地、完整地体验过、理解过、一层层剖开研究过，来访者才能开始决定打破旧的无效状态。

实操举例

个案问题：对儿子有莫名的愤怒

导师：第一步，请你讲述一件让你有情绪的事情。

个案：我的儿子本来自己玩得很开心，但他在递给我手机的时候砸了我的头，我很生气。

导师：第二步是核对情绪，儿子无意间打疼了你，这让你非常生气。除了生气，你还有什么其他感觉？你是对谁生气？

个案：表面上看，我是对儿子生气，但实际上，我感觉自己不可能对一个5岁的孩子生气。

导师：那你这种生气到底是从哪里来的？是针对谁的？

个案：我觉得可能是因为小时候被欺负过，所以孩子的行为引发了我对被欺负的记忆和愤怒。

导师：所以那一刻，当儿子砸你的时候，你也变成一个小孩了。

个案：我当时也感觉，自己竟然会生这么大的气，觉得有些离谱。

导师：生气是正常的，可是非常生气就值得探究了。

个案：而且我对儿子的表现不满意，他竟然没有安慰我。

导师：你觉得儿子应该来安慰你，是吗？如果这样的话，就更值得研究了，这之中是不是也隐藏着你对老公的情绪。

个案：听到你这么说，我的眼泪就要出来了，我很委屈、很伤心。

导师：伤心就是你的深层情绪，刚刚那个画面中，在物理空间上，你是和儿子在一起，但在心灵空间上，你是和老公在一起。你对老公可能有些需要，但如果一直从他那里得不到满足的话，你就会投射在孩子身上来得到弥补。所以你对老公的需要是什么？

个案：我感觉自己付出了很多，老公好像给我的只有那么一点点。

导师：所以你对他其实也是生气的，生气之中还夹杂着伤心、无助。因为妈妈在面对孩子的时候，其实渴望爸爸在一旁提供支持。接下来，你可以对着老公一层一层地表达自己的那些情绪和需要："老公，我也很伤心。当我脆弱的时候，我也希望你能理解我、陪陪我、爱我。我是个女人，在我需要你的时候，我也希望你能过来安慰我。我为你们做了很多，都是因为我爱你们，我相信你和孩子也都爱我。"当你这样表达，会有什么不同？

个案：他能感受到我的爱和需求，我会更有力量。

导师：好，我们还有两个步骤要做。第三步是找到正面意义，刚才这个过程有没有提醒你思考：自己是如何教会他们一直向你索取，却没有办法给予你的？因为别人怎么对你，一定是你教会的。

个案：我没有表达过自己的需求，也没有表达过自己这样做是为什么。

导师：不表达自己的需要是因为自己很坚强，但你太坚强就教会了他们以为你不需要。这时候，你试着把焦点都放回自己身上，告诉内在的自己："你没那么坚强，你辛苦了。原来我没有教会别人爱你，对不起。"那个内在的自己以为自己是坚强的，认为付出多一点就能得到更多的爱。可是事实上，别人就更加不懂你了。你愤怒的根源就是你还没有学会爱自己，甚至还在伤害自己。当别人再来伤害你，你就更愤怒了。

所以让你愤怒的画面其实是提醒你做一些改变，画面中的生气是有正面的意义的。所以对那个愤怒的自己说："谢谢，你用情绪提醒我，提醒我的人生模式可能要做一些改变了。"也许画面还有其他一些正面的意义，虽然你可能不一定确切地知道是什么，但这里面一定有很多的正面意义是和爱有关、和家庭有关的提醒。

在想象中，让那些正面意义的提醒都飞到你的心里。然后，你的心和潜意识也都会在未来的人生中不停地去感悟到这些正面意义，并且把它们活出来。可以想一想，在与孩子和老公相处的过程中，如果可以让自己更快乐，你会做些什么？

个案：我会考虑情绪背后更深层的需求是什么，然后有意识地去表达，这样，很多误会都会转化成爱。

导师：我的建议是，你可以做小女人，别表现出那么坚强的样子。（这时候，我给来访者的建议是基于对她的深入理解，这种建议其实是非常容易植入的。咨询师不是不能提建议，而是在来访者开放心灵的时候找机会植入建议。）其实你不做小女人很久了，但小女人能教会那两个男人来爱你。当他们有力量来爱你，反而有更高的自我价值感，这才是对他们更好的爱。

有时候我们只是一味付出，并不一定是真的爱他们。多学会说一些甜言蜜语，引发双方互相把心中的爱表达出来。家庭中的爱不一定都是物质层面的，做家务、买东西、照顾孩子等都是爱的表现。真正亲密关系里的爱就是谈情说爱、拥抱，说"我爱你"，我们每个人的内在都住着一个浪漫的人。

在这个练习中，我并没有更深入地去挖掘她的童年经历。我只是对她的情绪好奇，而且她也说自己本不该对一个5岁的孩子生气，那这份情绪到底从哪里来？到底是对着谁呢？孩子只是一个引发情绪的导火索，所以我深入地理解和接受这份情绪，对这份情绪好奇，也就等于对当事人的心灵好奇。

　　另外，当事人讲故事的过程其实训练的是我们的聆听能力，我们聆听她的情绪、她的心智模式、她的身体状态，而不是她的故事。她讲故事的时间虽然很短，但我们要快速捕捉到：她不是一个妈妈的状态，更像个孩子的状态，或者一个需要爱的女人，没有得到足够多的爱的妻子。这时我们不要陷在来访者的故事里，而是要迅速从中抓住关键点。这个个案故事的关键点就是愤怒这个词，以及未被提及的伴侣。

　　对于新手咨询师来说，如果你面对这样一个个案，可以尝试探索她和父母的关系、她和老公的关系、她和自己的关系，这三个关系都需要探索。她对哪一个最有情绪触动，可能这段关系就是切入的关键点。当我说到她老公的时候，她开始有委屈的眼泪流出来了，这就是咨询的关键点。我们在做咨询的时候不只是做一个假设，因为如果这个假设不对，我们就会有挫败感。我们可以有很多判断，然后由来访者来判定哪一个判断是对的，凡事必有至少三个以上的可能性。当我问："你这种愤怒的感觉可能不只是孩子引起的，那还有谁呢？"就为她列出了所有的可能性，真相就会借此逐步展现。

第二节 收回投射法：别把未完成的期望投射给别人

投射是个体依据需要情绪的主观指向，将自己身上存在的特征转移到他人身上的现象。用一句俗语来形容，就是以己度人。成语"疑邻盗斧"就是一种典型的投射过程。由于怀疑是邻居偷了自己的斧子，所以认为邻居的一举一动、一言一行都像偷斧子的人。最后发现自己的斧子没有丢后，再观察邻居的言行举止，又觉得一切都很正常。投射就像投影仪一样，会将自己的喜好、想法、情绪等投影到别人身上，认为别人也有同样的感受和认知。

现实生活中最常见的投射是父母会把自己未完成的期望投射到孩子身上。比如，如果我们小时候没有玩过小火车玩具，等自己成年有孩子后，即使孩子明确告诉我们想玩陀螺，我们也会执拗地告诉他小火车更好玩。根源就是我们把孩子当成了小时候的自己，我们通过他来满足自己小时候没有被满足的需要。

我有个来访者到咨询室后倾诉了孩子的很多问题，最后她说了这样一句话："奶奶非常溺爱他。"这表面上看是亲子教育的问题，其本质是婆媳关系问题。她只是想通过孩子教育的问题来指责和控诉婆婆的教育方式。等我再往第二层探索，会发现婆媳关系依然不是最本质的原因，婆婆特别溺爱她的老公，她和婆婆在"争夺"这个男人。之后我又探索到第三层，她从小就没有得到过父母的爱，父母对她非打即骂，这时候我开始理解到，原来她是在嫉妒自己的孩子。因为这个孩子得到了奶奶和爸爸的爱，而自己却什么也没得到过，她就会在孩子身上叠加自己小时候没有修复的印记。这也是一种投射，但如果我们没有看到这种投射中所隐含的对爱的期待，就有可能围绕着孩子的教育方法进行探索，这是没有任何意义的。

当然，投射也有很多积极的意义。比如我们在欣赏一件艺术品的时候引发了联想，这就是运用了投射。如果没有投射，世界就失去了美好，变成赤裸裸的钢筋水泥。那我们要如何运用投射呢？首先就是觉知。比如我们和一个人沟通的时候会带有某种情绪，这种情绪不一定是针对这个人的，而是这个人勾起了我们对其他人的记忆。所以，收回投射其实就是还原关系的本来面目。

在心理咨询中，很多来访者都会对咨询师有投射，将咨询师投射为关系中的"重要他人"。为了保护咨访关系，咨询师和来访者之间要有一定的界限，比如咨询结束后双方不允许私下接触。如果咨询师能在咨询中更多地关注当下，更加保持中立原则，也可以运用当事人对他的投射来做一些支持。很多时候，员工对领导的对抗也有可能是对原生家庭关系的投射。比如当领导批评员工时，员工可能并没有接收到工作层面的互动信息，他想到的是从小父母就是这样对自己的。这个时候，领导要怎么运用投射呢？可以对这个员工说："如果我是你的父母，我会很为你骄傲的。"也就是说，领导感受到员工将自己投射成谁，就可以借助那个身份角色对当事人进行回应，以启动他内在未被激活的能量。

投射本身不是问题，影响自己的关系和生活的投射才是问题，陷入投射中而没有觉察到才是问题。其实，带着觉知的投射可以是一件很美

好的事情。就像搭讪一样，"我觉得你长得很像我的初恋女友"，这也是一种投射。下面这个练习处理的就是投射对我们生活造成的影响。我们往往会把自己未完成的期待投射到"重要他人"身上，比如女人总是希望老公像爸爸一样爱自己，男人也往往希望老婆像妈妈一样爱自己。这样对方身上就叠加了两种能量、身份和枷锁，在关系中会感到纠结、不自由。

收回投射法练习就是把对某人的投射交还给相应的人，而当我们能够带着觉知的时候，每个人都可以自如地扮演不同的角色，角色间还可以自由地切换。扮演的角色越多，在关系中就越自由，也就越有能量。比如，我们的核心角色是丈夫，同时还可以扮演爸爸的角色、孩子的角色、初恋情人的角色。我们扮演的角色越多，对方也会相应配合我们的角色，这样关系就会越亲密，也能调动对方更多的应对方式。我们要知道，伤害是需要双方配合的，如果有人伤害我们，那我们一定也允许别人的伤害。相爱也一样需要配合，这样双方才都能从关系中获得力量、得到滋养。

收回投射法练习　　　○○○

1. 两人一组，以双方都觉得舒服的距离面对面站着，A 扮演来访者，B 扮演来访者投射的角色。

2. 来访者与被投射的角色对话："亲爱的 A，也许我对你有一些期待是关于 B 的，现在我把那些对 B 的期待收回来并交还给 B。这样你就可以只做我的 A，我也就可以只做你的 C。"

3. 想象 B 在自己身后，那些投射到 A 身上的期待和需求都飞到 B 那里。

4. 全部飞回后，两人分别分享和练习之前的感觉有什么不同。

5. 打破状态，测试效果。

我们投射的对象可以是孩子。父母对孩子的投射往往是童年未被满足需要的自己、想变得更优秀的自己。在一些特殊的关系中，比如单亲妈妈会把孩子投射成自己的理想伴侣，这时候孩子就是不自由的状态，他可能会纠缠在妈妈和妻子的三角关系中。

我们投射的对象可以是伴侣。很多夫妻的亲密关系存在卡点，就是一方把伴侣投射成初恋情人、重要的情感关系对象或理想的伴侣。

我们投射的对象可以是兄弟姐妹。比如有些兄弟姐妹间的年龄差距很大，弟弟妹妹是被姐姐带大的，他们就会把姐姐投射成妈妈。我有这样一个朋友，她的妈妈很早就去世了，她从小是跟着小姨长大的，小姨在生活中就扮演了妈妈的角色。后来小姨去世了，她就带着小姨的女儿，也就是表妹一起生活。表妹现在读高中，而这个朋友已经30多岁了。她对表妹的情感就有一些投射，她既把自己当成了表妹的妈妈，又把表妹当成了小时候失去妈妈的自己。

我们投射的对象可以是领导权威。我们常常把领导投射为父母，因为我们最希望得到的就是父母的肯定。很多人一看到领导就浑身不自在、特别紧张，其实是因为他们在父母面前紧张。他们对抗领导是源于父母，讨好领导也是源于父母。

我们投射的对象还可以是员工，很多领导会把员工当成孩子，这样就会造成关系的纠缠。企业是一个契约型的组织，领导可以开除员工，但父母不能开除孩子。如果把员工当作孩子，领导在开除员工的时候会很纠结，这就是一种情感上的投射。

还有一些人把事业当成自己的理想伴侣，以此来逃避现实生活中的亲密关系和与之相随的各种困扰，但再完美的工作都代替不了伴侣，只会引发越来越多的冲突。

第三节　感知位置平衡法：真正做到换位思考

　　所谓的换位思考，就是站在别人的角度思考问题。可是我们很难在头脑里进行换位，而通过身体的换位，我们可以看到更直观的角度，这一方法称作感知位置平衡法。当我们看到问题的"全景"后，就能做出比单一视角下更有效的决策。这一方法会设置三个位置，第一位置是当事人的位置，第二位置是关系里对方的位置，第三位置是咨询师的位置。

实操举例

个案问题：对孩子有莫名的烦躁

　　个案：我觉察到自己对孩子有些莫名的烦躁，这可能是我对自己童年的投射。我想知道，这种情绪的源头在哪里？它是怎么萌发出来的？情绪萌发出来的那一刻，我还会有一些自我否定。

　　导师：我认为你进入了一个错误的思考方向。为什么要去探索它的源头是什么？探索出来又有什么意义？你就算知道了情绪的源头，也不会解决问题。我们真正要做的是允许这份情绪的存在，同时静静地关注这份情绪的渴望、期待。这才是需要转化的部分。

精神分析疗法会探寻原因，疗愈的原理是让无意识的内容意识化，让无意识的内容进入大脑中。该疗法认为，看到问题就是解决问题的基础，但在探寻原因时，我们很容易进入一个死胡同走不出来。其实相比原因，更重要的过程是转化，转化不是硬生生地要你从一个状态进入另外一个状态。比如，你明明很痛苦，我要努力想办法让你感到很幸福。转化是看到痛苦的另一面，看到它的期待和渴望，看到它想要表达的内容。

个案：我发现自己内在的需求就是很怕孩子会打扰到我，我觉得孩子是我的负累，限制了我的自由。但同时，我的内心很有负罪感，我想知道如何转化这一点。

导师：第一，你需要充分允许这份情绪的存在。第二，这份情绪是存在于身心中，而不是头脑里，它需要表达出来。第三，我们不需要成为一个好妈妈。当你有强烈的"想当一个好妈妈"的念头，这里面也许藏着自己对妈妈的投射，但其实这一切对孩子来说都是成长。

个案：但孩子确实对我有一些不满。

导师：你把它当作不满才是真正的问题。其实孩子只是在表达，而表达是为了吸引你的关注，但你用不满的标签将问题固化了。假如孩子就在你面前，你想对他说什么？

个案：孩子，妈妈向你道歉。

导师：你是在用道歉表达歉意，还是在应对孩子对你的不满？

个案：只是表达歉意。

导师：如果用一句话表达这种歉意的话，会是什么呢？

个案：我伤害了你。

导师：我们注意，你的回答传达的意思是"我以为我伤害了你"。能够自由地表达不满是关系自由的表现，当你是这种状态的时候，你就不允许他对你有不满，这才是问题。第一，孩子不一定会受到伤害，对于孩子来说，所有的经历都是成长。第二，我们需要给孩子制造一些可以修复的伤害，完全在温室里长大的孩子经不起任何风浪。所以哪怕他真的受到了一些伤害，这也是一种成长，我们不都是从伤害中成长的吗？

你也不需要成为一个理想中的妈妈。你可以承认自己的脆弱，对孩子说："妈妈也不知道怎么爱你，孩子，请你告诉我，妈妈应该怎么爱你，妈妈不如你。"我们什么时候能承认自己的脆弱，孩子才能从中获得一分力量。你认为当一个好妈妈太重要了，所以一直奔着这个方向努力。

对于孩子来说，每个妈妈都是完美的。我曾经见过一个孩子跟着爸爸一起乞讨，他已经到了上学的年龄。我跟他说："跟我走吧，我资助你去上学。"但这个孩子没有跟我走，对他来说，自己的爸爸是最好的。

另外，我们还要知道，如果我们担心会给孩子带来伤害，就一定会有伤害产生。如果我们把担心转化成祝福，孩子也会接收到成长的能量。

个案：在孩子还小的时候，我做得很好，很幸福。现在我陪伴她的时间越来越少，从心里对她有一种排斥，我也不知道这种排斥从哪里而来。

导师：有时候这种排斥也是对关系的保护。你不知道怎么对待她，所以选择保持距离。其实你需要做的只是简单地把所有情绪先自由地表达出来，而不是给自己贴上"我不是一个好妈妈"的负面标签。只有将情绪表达出来，而不去思考它是对是错，这样才是身心一致、知行合一的状态，这时关系才是自由的。谁都不可能做到完美，但当你贴上"我不是一个好妈妈"的标签时，问题就出来了。

个案：我确实一直无法接受自己是一个不好的妈妈，一想到这里，我就有深深的自我否定。

导师：也许发生的这一切都是为了配合你完成自我否定。你否定给谁看？

个案：道理我都懂，但我依然觉得我为了完成自己的身心自由，让孩子给我买单了。

导师：第一，孩子不会替你买单，孩子有自己的人生，你觉得孩子替你买单，实际上是你夸大了妈妈的作用。第二，也许你在用孩子替你买单，完成你的自我否定，那自我否定对你的价值和好处是什么？为什么你非要自我否定呢？第三，你能接受自己的不完美，就能接受别人的不完美，也就能接受孩子。

个案：我能接受自己不够好，但不能接受孩子因为我不够好而付出的代价。

导师：孩子付出什么代价了？你有没有看到孩子因为代价而成长呢？成长都需要代价。你的自我否定的价值到底是什么？你在"投诉"你的父母吗？也许你还在这样埋怨他们："都是因为你们，所以我才变成今天这个样子。"你自愿深陷在这个坑洞里一定是有好处的，你要亲自去发现这个好处。另外，你要活在身体里，而不是活在头脑里，要时刻关注身体的感觉，而不是头脑中得出的结论。

个案：孩子的问题确实困扰了我很久，每次一说到孩子，我就会很头疼。

导师：孩子的事情不会对她造成影响，但你因为孩子的事情而困扰这一现象会影响到她。当你说到这里，你的身体是什么感觉？如果让你对头疼的感觉进行表达的话，你会说什么？

个案：谢谢你每次都来提醒我。

导师：这个时候，你觉得需要孩子的爸爸吗？

个案：不需要。

导师：当你说完这些，身体有什么感觉？

个案：轻松一些，我突然意识到自己对孩子的爸爸有很多情绪，但我不好意思表达。

导师：也许和这个有关，我们可以通过感知位置平衡法来做一个练习。在这个练习中，你最想和谁建立连接？是女儿、丈夫还是其他人？

个案：女儿。

　　导师：想象女儿坐在对面，然后完整地描述出这个画面。比如她穿什么样的衣服，有什么样的肢体语言和表情。

　　个案：女儿穿着迷彩 T 恤，军绿色的短裤，没什么表情，很平静。

　　导师：画面是彩色的还是黑白的？

　　个案：彩色的。

　　导师：试着把它变成黑白的，看看哪一种更舒服。也就是说，无论画面是彩色的还是黑白的，都把它调成另外一种颜色，感受一下哪个更舒服就用哪一个。第二步就是测试距离，你觉得更远一点舒服还是更近一点。

　　个案：这样就可以。

　　导师：第三步是看视线，你觉得她的眼睛是平视、仰视，还是俯视你？

　　个案：平视。

　　导师：好的，无论是仰视还是俯视，我们都需要把它拉平。你可以给情绪命名并打分。

　　个案：愧疚，8分。

　　导师：当你看到自己的女儿穿着迷彩上衣、军绿色的短裤坐在自己面前时，你有什么话想对她说？（在这个时候，咨询师只是一个能量的管道，一个场域的守护者。我们什么都不需要输出，只需要让当事人尽情地表达，让淤积的情绪从头脑到身体尽情地释放出来。）

个案：这5年来，我和你不是特别亲近，虽然我们经常在一起，但我的心不在你那里，有时候我说话的方式特别不好。在很多关键的时刻，我的心都没有和你在一起。我对你太苛刻了，对你的要求太高了。有时候我会将对你爸爸的情绪发泄到你身上，我知道爸爸很爱你，但他太忙了。有时候我还会把从我爸爸那里遭受的委屈发泄到你身上，我很抱歉，我最抱歉的是一直没有真正肯定你。

导师：（这时候咨询师不需要做什么，只需要问"还有吗"。）直到你觉得完全地表达了，你就点头示意。接下来，你坐到女儿的位置，完全成为对方，此时你看到的不是自己坐在对面，而是妈妈坐在对面，你完全成了女儿这个角色。看到妈妈坐在对面，听到妈妈说了刚才那些话，听到妈妈表达的愧疚，这一刻你的感觉是什么？又有什么话想要对妈妈说？

个案：我好像很难进入这个角色。

导师：好，尽可能让自己放松，先看看妈妈是否坐在对面，能看到吗？

个案：不清楚。

导师：那想象着妈妈坐在对面呢？有什么感觉？有什么话想对妈妈说？

个案：没有什么特别想说的，感觉很平静。

导师：看不到画面有两种可能性。第一种可能性，这个角色的感觉或听觉通道比较发达，视觉通道不太发达；第二种可能性，这个角色为了巩固原来的那个位置，屏蔽了所有解决问题的可能性。女儿很平静，她并没有感受到妈妈的愧疚。接下来，我们可以继续进入其他角色，也可以另外找一个人代表妈妈，这样可以直观地看到妈妈坐在对面，再询问女儿的感受。

接下来，我邀请你进入第三位置，这个位置可以是咨询师，他和妈妈、女儿组成一个等边三角形，你抽离出来，看着妈妈和女儿，就当前的关系做进一步的探讨和表达。这一刻，你作为她们的咨询师，分别对她们有什么建议？

个案：我想对妈妈说"别想太多了，做你认为应该为女儿做的"。我对女儿没有太多建议，只要再积极主动一些就可以。

导师：好的，现在请你回到第一位置，也就是妈妈的角色，你看到女儿坐在对面，听到她说的话，看到女儿的平静，也听到咨询师给你的建议。这一刻，你有什么话想跟女儿说？

个案：我平静了很多。我想对女儿说的是："我想成为一个更温和的妈妈、能祝福你的妈妈，这样就足够了。"

导师：很好，接下来你再进入第二位置，也就是女儿的角色。听到妈妈对你说的那些话，你的感觉是什么？

个案：我想对妈妈说"只要你遇到事情的时候别那么着急就好了"，我现在感觉离妈妈近一些了。

导师：很好，然后再进入第三位置，也就是咨询师的角色。作为她们的咨询师，你看到她们两个听了你的建议后有了新的变化，这一刻，你又有什么新的建议给她们？

个案：妈妈要保持情绪的平和和稳定，女儿要积极主动一些。

导师：非常好。这三个位置再进行两三遍的循环，能量就梳理得差不多了。有时候，我们还需要一个第四位置，也就是抽离出来看到这三者的关系，听到妈妈的表达和倾诉，看到女儿的平静，也听到咨询师给她们的建议，这一刻的感觉是什么？分别又有什么建议？

个案：站在第四位置上，我觉得妈妈的力量应该放在该做的事情上，孩子的状态比较好，咨询师也很不错。三个人的沟通看起来更好。

导师：很好，这一刻你的感觉是什么？原来的愧疚还有几分？

个案：我感觉很踏实，愧疚还有3分。

导师：很好，4分以下的情绪都不需要处理，谢谢你。

我们刚刚分享的方法用在咨询室里是没有问题的。如果在生活场景中面对的是没有接触过心理学的人，他可能无法做到完全理解和配合我们的节奏，那我们就需要把感知位置平衡法的思想运用于无形。我们学到的技巧是手法，其实手法就是"心法"。感知位置平衡的"心法"可以让我们看到更多看待事件的角度，这也是我们接下来要分享的更灵活、实用的感知位置换框技术。

如果我们把自己比喻成一台相机，那么使用什么样的镜头，就会看到什么样的人生。有个朋友找我哭诉说："孩子中考只考了525分，没考上重点中学。我觉得孩子'完了'，他妈妈也在家里哭了一个多星期。"我说："孩子没考上重点中学，这没有问题。孩子的妈妈在家里哭了一个星期，你也觉得孩子'完了'，这才是真正的问题，才会对孩子有真正的影响。"

朋友采用的是"近景"或"微距拍摄"，这种角度会放大事件的负面影响。他认为考不上重点中学就考不上好大学，找不到好工作，最后连老婆都娶不到。我让他转换"全景镜头"再来看待这件事，看到画面中更丰富的图景，从各个角度去体会和理解它的不同意义，并做出更有效的决策。

朋友当年也没考上高中，我跟他说："你当年没有考上高中，那你现在怎么样？人生'完了'吗？"他说："好像也没'完'，还挺好的。"当他的思维能转换到这一点，认知就开始变得不一样了。我再次使用"长焦镜头"对他说："你过去没考上高中，现在也挺好。你儿子比你当年考的分数还高，怎么就'完了'呢？"当我们采用更多"镜头"的时候，就能看到更丰富的世界。感知位置法就是用不同的"镜头"来感知同样一件事情带给我们的感受。

同样是考了100分，如果父母说"别骄傲，下次还不知道考多少分"，我们就会觉得没力量。但如果父母说"你太厉害了，你这次能考100分，未来做什么事情都不会差"，我们就会越来越有信心。不同的"镜头"有不同的框架，当父母能为了孩子取得的成绩欢庆，为孩子设计更多可能的框架时，孩子就看到了未来，得到了支持，增加了力量。这也是感知位置换框法的一种应用。

有个朋友请我吃饭，她从一开始落座就不停地唠叨女儿的不好。看到她陷在有关女儿的负面框架中走不出来，我问了她一句话："如果你是你的女儿，放学回家拿出钥匙开门的时候，想起家里坐着一个像你这样的妈妈，你会有什么感觉？"这个过程就是帮她调整框架位置，她当时正在夹菜，听到这句话就放下了筷子，没有正面回答，可能她也觉得这样的妈妈并不怎么样。

还有来访者经常控诉自己的老公，哭诉他对自己如何不好，我也会问对方一个问题："如果你是你老公，看到你这样一个老婆，你是想娶她还是不想娶她？"听到这个问题，对方会突然愣在那儿。所谓"愣在那儿"，是因为这个问题有强烈的冲击力，她开始将挑剔老公的目光收回用于审视自己，并在行为层面做一些改变。这都是对感知位置换框法的运用带来的效果。

感知位置换框法练习

邀请当事人讲述一个困扰他的事件，并向当事人发问。

1. 如果你是事件里的对方，对方会如何看待这件事情？

2. 如果你是自己的"重要他人"，"重要他人"会如何看待这件事里的你和这件事，你会给自己什么样的建议？

3. 如果你是未来的自己，比如十年后的你，你如何看待这件事？如何看待这件事里的你？

4. 如果你是咨询师，会如何看待这件事？如何看待事件里的你？他会给你什么建议？

5. 那个能够游刃有余地处理这件事的你会如何做？

当然，我们不一定完全使用这些角色，尽全力就好，因为每当我们练习了一个角色，这个角色就可能嵌入我们的身体里。我们在生活中和别人交流的时候，不仅能跳出自己的局限，对别人多一分了解，还能帮助别人拓宽他们对生活的理解。比如，当我们给员工布置一项任务时，员工觉得很难完成，这时候我们可以问他："假如你已经是一个拿到百万年薪的企业家，你觉得那时候的你会如何看待这项任务？"这样一说，他就立刻感觉不一样了。当我们拉开一段距离，换一个角度看待问题时，事情也许根本就没有什么大不了。我们继续演示刚才那个个案。

实操举例

导师：如果你是孩子的话，你会如何看待这件事里的妈妈？

个案：妈妈压力有点大，她好像没有以前那么喜欢我了。我希望妈妈能对我再多一点耐心，能看到我的一些成长和变化。

导师：如果你是你的爸爸，你会如何看待女儿在这件事里的状态和情绪？又会给女儿什么样的建议？

个案：你做得已经很好了，别对孩子那么苛刻，怎么过都是一辈子，不如选择高兴地过。我自己就是这样过来的，你可以选择和我不一样的生活。这个孩子挺好的，当初我不想那样对你，你也不要这样对待自己的孩子。

导师：非常好，咨询师的工作更多的是给予来访者陪伴，而不是建议。当你想到这些，你的感觉是什么？

个案：挺欣慰的，但我心头的那份愧疚还未完全消失。

导师：这没有关系。我们并不是要去消除情绪，而是要在情绪出现的时候迎接它，不被情绪卡住。每一份情绪都代表能量，有情绪代表着我们是活生生的人，我们要学习的只是和情绪连接的方法而已。如果你是你的妈妈，你会如何看待自己的女儿？你会给她什么样的建议？

个案：你挺好的，别让自己太累，不要觉得自己都是对的。

导师：十年后的自己会如何看待今天的自己？

个案：那就是一个过程，是你成长必须要经历的过程。

导师：十年后的女儿会如何看待这个妈妈呢？

个案：在我最需要你的时候，你没有办法贴心地陪伴我，对此还是会有点遗憾。但是我没有责怪你的意思，只是有点小小的遗憾。也许我依然会跟你有一点距离，但这个距离是很恰当的。

导师：未来的你已经是一个能游刃有余地解决这个问题的自己，那她会给这一刻的你什么样的建议？

个案：成长需要一个阶段，按照你喜欢的方式往前走就好。

导师：那你成长过程中的"重要他人"呢？这个人不一定是亲属，只是你生命中很重要的一个人，在你的成长经历中给过你支持的一个人。也许是老师，也许是兄弟姐妹，都可以。比如，你是孩子的爸爸，你又会有什么感觉？会如何看待这件事情？

个案：我特别感激你，我也知道你有点压力，要求别那么高。

导师：如果你是你的咨询师，是自己的人生导师，你有什么样的建议？

个案：不要陷在情绪里，要学会和情绪共舞。

导师：你这一刻的感受是什么？如果愧疚的满分是10分，你现在还有几分？

个案：我很轻松，愧疚还有两三分。

感知位置平衡法既可以用来探索我们和他人的关系，也可以用来探索和自己的关系。如果我们被困在了过去的事件里，那我们能不能和当初的那个自己对话呢？当我们看到情绪事件中的自己，把所有这些深植在身心和头脑中的情绪表达出来的时候，也许就是情绪已完全释放了。

实操举例

个案问题：内在有一个害怕的小女孩

个案：我被困在了小时候爸爸对我的情绪失控画面里，我的内在浮现出来的爸爸的形象都很冷漠。

导师：那个时候，你的年龄是多大？

个案：我还在上小学。

导师：那个小女孩是什么表情？

个案：表情很平静，但内心感到很害怕。

导师：也许在过去，你只想到爸爸冷漠或者情绪失控的场面就开始害怕，但当你仔细去看那个画面时，就会发现一些不一样的地方。那个小女孩的表情比较平静，这是不是意味着画面已经开始松动了？那么你可不可以邀请那个小女孩坐在对面，或者可以站在某个地方，只要在你的视线范围内就可以。

个案：可以，这个小女孩坐在了我的对面。

导师：好，你可以先看一会儿她。画面是彩色的还是黑白的？

个案：黑白的。

导师：那换成彩色的画面更舒服，还是维持黑白的画面更舒服？

个案：黑白的画面更舒服。

导师：她愿意看着你吗？

个案：她没有看我。

导师：能不能把小女孩的眼睛调过来，让她看着今天的你？

个案：可以了。

导师：非常好，这一刻，你有什么话要对这个小女孩说吗？

个案：我很茫然，不知道该对这个小女孩说些什么。小女孩也很茫然。

导师：你可以告诉小女孩："我是38岁的你，我看到你了，我看到你很害怕，我看到你对爸爸的期待。"现在感觉怎么样？

个案：我看到小女孩好像并没有那么害怕了。

导师：或者说，原来这个小女孩没有你想象的那么害怕。还有什么话要对小女孩说？

个案：你好像对爸爸妈妈已经没有什么期待了，你活在自己的世界里。

导师：这句话很重要，没有期待是因为麻木还是不需要？

个案：麻木，我与爸爸妈妈的情感连接很少。

导师：你可以告诉小女孩这句话背后的信息："我知道你很想和爸爸妈妈有更多连接，可是他们不会，你也不会，你只是一个孩子。现在我来做你的爸爸妈妈，我来爱你，我来呵护你。其实我从来都没有忘记你，我以为我忘记了，我也不知道怎样来爱你。现在我来领着你，和你在一起。"现在感觉怎么样？

个案：感觉不是太适应。

导师：非常好，可以告诉小女孩："你还不太习惯，其实我也还不习惯，因为我们都以为只有爸爸妈妈才能做到，但是这样就把解决问题的钥匙交给别人。我们可以试一下。"想象小女孩走过来，或者你走过去，你们互相拥抱。（这时候可以邀请当事人进入"卡"在问题里的小女孩的位置，看着对面38岁的自己。）这一刻你（小女孩）的感觉是什么呢？

个案：我觉得38岁的这个人好像和我有关系，又没关系，还有一点父母的感觉。

导师：尝试告诉38岁的自己："我和你有关系，是因为我就是小时候的你。而我又和你没有关系，因为你的今天和我没有关系，那是你的选择和决定。你是自由的，不要把责任归结到我和爸爸妈妈身上。只有这样，我们才会自由。我不是你用来控诉的工具，我只需要你来爱我，我也等着你来爱我。"你的感觉怎么样？

个案：我感觉很平静。

导师：好的，你可以回到当事人的状态了，你看到38岁的自己和小时候的自己之间的对话，这一刻你的感觉是什么？你又有什么建议可以给他们？

个案：我看到38岁的自己把小时候的自己投射成女儿。因为小时候的自己和我女儿现在的年纪差不多，我不知道怎么一下子就想到了女儿。这也激发了我的思考，我还能做些什么为女儿创造更好的生活。孩子有时可能没有我们想象的那么脆弱。我们在回忆中感受到的伤心、难过，也可能是自己后来添加上去的。

导师：非常好，练习后，你的感受如何？有什么话要对小女孩说？

个案：更轻松了，我想和她说："当我比较怀念你的时候，我就来找你。其他的时候，我们就各自为安。"

另外，我们也可以运用感知位置平衡法来探索和未来自我的关系。

与目标和未来对话练习

1. 想象5年后的我们会是什么样子？

2. 想象目标都实现后会是什么样的画面？画面里都有谁？

3. 我们有什么话要对当初的自己说？

4. 想象完全进入未来的画面，完全成为那个自己，就好像那个画面中所有的景象都已经成为现实。做一个深呼吸将这份能量完整地吸入自己的身体，就好像身体的每一个细胞都跳跃着那种能量。然后再转身看着5年前的自己，也就是当下的自己，有什么话要对自己说？

5. 回到原来的位置，我们看到未来的自己，听到未来的自己的祝福，有什么感觉？对未来有什么话想说？最后，和目标与未来来一个拥抱。

第四节　情感失衡与纠缠处理

　　我们在处理个案时经常遇到情感类的问题，比如失恋的人总是走不出阴影，内心充满情感的纠缠；离婚的夫妻不会处理关系，无法很好地分开。在心理学的范畴，如果父母不能送给孩子一个"好的婚姻"，那还不如送给孩子一个"好的离婚"。也就是说，如果父母的婚姻不幸福，不能给孩子创造一个良好的家庭氛围，那对孩子来说，这种糟糕的家庭环境还不如父母好聚好散。事实上，几乎所有离婚的案例都应该做一下情感失衡和纠缠的处理。我们将通过练习体验如何一步一步梳理和整合情感，这两点是有连贯性的。

　　其实不仅是一些分手或离婚的案例，普通的亲密关系之中也可以做一些关于情感失衡的练习。在关系的情感交流中，很多人会体验到情感付出和收取的不平衡，觉得自己在情感关系中付出得更多，或者觉得对方对自己的伤害更多。这就成为一个恶性循环，两个人其实是在玩受害者和加害者的游戏。

　　如果我们懂得背后的深层原因，并在内心建立相应的心智策略，就能把这种不平衡的情感付出和收取转化成一个良性循环。如果我们是关系中更多付出的那一个，这个练习能帮助我们吸引对方多付出一些。关系就是这样，我赠予你的是指责，通常也会收获指责。我们赠予对方的是连接和拥抱，同时也会收获连接和拥抱。以拥抱为例，我们要知道，拥抱是我们最终的目的，而谁主动去拥抱并不重要。一个真正懂得爱自己的人通常都会借着和伴侣、和亲近之人的拥抱来送给自己一个拥抱。所以当我们的内在有了这样更成熟的心智策略，两个人的关系会更加亲密，这是一个很有趣的转化过程。

这个练习分两个部分，一部分是关于情感失衡的处理，另外一部分是情感纠缠的化解。处理失衡关系主要是针对正常的情感关系，而化解纠缠往往针对的是分手或者离异的情感关系。这个练习做完以后，我们会发现，两个人的关系会更亲近，关系中的障碍会减少。

情感失衡练习

收取、付出、放下

收取：爱、记忆，成长的支持，对方的付出。

付出：给予对方的付出和伤害。

放下：对方的人生和包袱。

以亲密关系为例，很多女性在关系中付出得更多，往往有委屈的感觉。基于这类人群，情感失衡练习可以这样做。

首先，通过"收取"这一部分的工作来增加内心的力量。她们可以试着想象在内在跟老公说："我们两个人在一起相伴的这些年有很多美好的记忆，这些都是你送给我的礼物，我会把这些都放在心里，让自己常常记起这些美好的部分，谢谢你。在我们相处的这些日子里，你也对我们的关系付出了很多，我也谢谢你。"

接下来，做"付出"这一部分的工作。同样是想象在内在跟老公说："这些年，你用各种方式支持了我的成长，对我有用的这些部分，我都留下了，谢谢你。也希望在我们相处的日子中，我对你的成长也有一些支持，也请你收下。希望你能记得我们之间那些美好的画面、相爱的记忆。同时，我可能有意无意地对你造成了一些伤害，现在我说声对不起，希望你能够放下这些。在很早之前，我还没有学会如何更好地和你相处，如何更好地经营这份感情。所以我对你也许有很多不理解，伤害了你，我很抱歉。你也没有学过如何更好地和我相处，更好地安慰我，现在我也能理解你。"

最后，做"放下"这一部分的工作。在内在继续对老公说："事实上，你人生里面的一些包袱，也让你在有意或无意间伤害过我。这些不属于我的，我也在这里放下。我会支持你更好地去处理你人生里的包袱，我希望能和你共同成长，我们一起学习如何更智慧地经营我们的家庭和感情，这样我们就能创造三赢的局面。我们两个人都可以更好，从关系中获得力量，也能给这个世界带来正面的力量和影响。这是我们在一起的重要意义，你愿意吗？"

这个练习的三个步骤很清楚。第一步是关于"收取"的，我们很多时候都遗忘了关系中那些美好的部分，我们要把它拿过来当成一个礼物来增加自己内心的力量和被爱的感觉。第二步是关于"付出"的，其实付出有两个部分，一是我们从关系中收取到的美好部分，其实也同时给予过对方；二是我们不只给过对方一些美好，有时也会给对方带来一些伤害。我们既要把给对方支持的部分表达出来，也要对自己造成的伤害说对不起。第三步其实很重要，如果双方的关系尚存，我们在放下之后同时还要创造爱的连接，以取代原来那种抱怨式的关系；如果双方是已经分手的关系，我们在放下的同时创造了祝福的画面，也就是接下来化解纠缠的部分。

另外，关于"收取"和"付出"这两个部分的工作，并没有绝对的先后顺序，要根据来访者的情况来确定引导的方向。如果来访者有委屈、受害的情绪，那就先做收取的部分；如果来访者有愤怒的情绪，或者在关系中是更有力量的一方，那就先做付出的部分。

化解纠缠练习

放下旧画面，连接新画面

平衡情感。

祝福和再见。

连接未来的自己。

化解纠缠比处理情感失衡多了两个步骤：一个是祝福和再见，好的分手其实是带着彼此的祝福的，这会同时增加两个人的内心力量。另一个是连接未来的自己，两个人虽然分开了，却仍然在这段情感关系中获得成长，这种成长将把双方带向更智慧的未来。

我们首先引导来访者完成情感平衡的部分，把该收取的"礼物"收下，把该放下的交还给对方，该道歉的就说对不起。做完这一步，来访者可以对前任说："我祝福你，我也带着祝福在这里和你说再见。如果可以的话，也希望你能祝福我。现在是时候把我们两个人之间的连接切断和放下了。让我们带着彼此的祝福回到自己的人生。"

说完后，引导来访者想象和前任之间有一个连接，然后以温柔的方式把这个连接切断。可以是从中间切断，可以是自己先放下，也可以是对方先放下。切断以后，引导来访者在内在塑造一个未来的自己，这个未来的自己通常站在右边。然后想象自己在这段关系中得到了成长，下一步就是通过学习成为更有智慧、更有力量的那个自己，同时也想象前任的右侧也站着一个未来的自己。

然后来访者想象着和未来的自己产生新的连接，前任也和未来的自己产生新的连接。来访者对未来的自己说："我可能太久没有关注你了，请你欢迎现在的我。谢谢你一直和我在一起，现在我已经得到了很多的成长，未来的我会更有力量、更智慧地经营好下一段关系。"然后，来访者和这个未来的自己通过拥抱、牵手等方式连接，前任同步做这个动作。这样，来访者和前任都被释放到自己的人生了。

要注意的是，来访者在连接未来的自己时，不需要为他安排一个新的"伴侣"。因为分手以后，我们都需要有一段独处的时间去整合和反思上一段关系。有些人分手后会赶快找寻一个新的伴侣，这是不明智的做法。如果上一段关系中情感的失衡还没有处理完，他们往往会把这些未完成的情结投射到下一段关系中，这就会不停地重复上演同样的情感历程。他们在上一段关系中没有得到满足的情感部分，会试图在下一段关系中得到弥补，但这样对下一段关系、下一个伴侣来说都是不公平的。

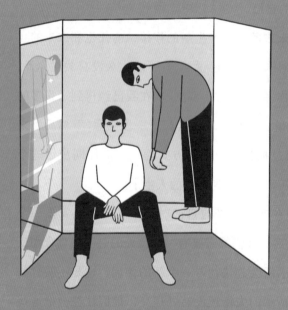

我们总是很想改变人，真正有效的咨询，

意味着来访者能够把矛头指向自己，

仿佛多了一双看自己的眼睛，会给自己照镜子。

后记一　心理咨询如何改变人

一说到心理咨询，我们就会想到聊天、设置框架结构等。事实上，每一次心理咨询都是有固定结构的，而且每个个案做心理咨询的结构和时程都有所差异。传统心理咨询的流程往往时程很长，结构上相对灵活，而且咨询师长期的支持和陪伴对咨询效果很重要，但幸福心理学实操视角下的心理咨询更结构化。

1.初访

心理咨询是从访谈出发的，接下来的流程基本如下：确定议题和目标、收集资料、设计咨询框架、确定时程。其中，咨询目标是由咨询师和来访者一起协商确定的，这就涉及咨询师如何实现来访者期待的目标和咨询师专业评定的咨询目标之间的一致性。

比如，我曾经的一个个案说："我咨询的目的就是想让老公对我好一点。"这是一个改变他人的目标，在心理咨询中很难实现。通过访谈了解她目前的状态，我发现她对老公对待自己的方式很不满意。因为只有改变自己，别人才会随之改变，因此，咨询目标达成一致：她需要教会老公对待自己的新方式。别人对待我们的方式都是我们训练和允许的。她之前用十几年的时间训练老公用自己不舒服的方式对待自己，并在经年累月中将这种互动模式形成习惯。咨询目标是通过自己的改变，训练伴侣学会用新的方式对待自己，两个人建立一种新的相处模式。所以她自己首先要改变。心理咨询可以帮助我们更幸福，但我们只能借助心理学来改变自己，而不是改变别人。

有很多父母做咨询并不是为了改变自己，而是为了改变孩子。所以，通常来咨询室的虽然是一个来访者，但是在他的心灵空间还有很多人。那如何厘清他和这些人的关系，如何让他放下操控和改变他人的欲望，通常是第一次面谈要达到的咨询效果。

2.维度解读和次数统计

极少有来访者做一次咨询就能达成目标，所以心理咨询通常需要设置咨询时长和次数。针对第一次做咨询的来访者，咨询师可以从不同维度来设计咨询流程和内容。比如从成长时间线的角度来看，来访者首先需要厘清自己和原生家庭的关系。因为这是最早影响来访者人格发展的要素，也是当下状态的心理原型。如果来访者与原生家庭有许多问题要处理，那用一次咨询可能完成不了。比如有些来访者和妈妈的关系更需要整合，那就先处理与妈妈的关系，然后再去处理"铁三角"关系；有些人甚至还需要处理和兄弟姐妹的关系，所以在原生家庭这个维度上往往会有2~3次的咨询。下一步，就要处理来访者和自己的关系，最后是和他人的关系。

咨询可以这样一步步来设计，咨询师通常在第一次咨询中就需要估算咨询的时程，而不是陪着来访者走走看看。优秀的咨询师应该能够把咨询变成一个结构化的、多维度的过程，这样就可以帮助来访者在内在厘清一条成长路线。一些更专业的咨询师通过一次咨询可能就了解来访者下一步的成长路线是什么，每一次咨询都会实现怎样的小目标，以及最后来访者真正能达到的最终目标。这就是心理咨询的初访步骤，也就是首先确定来访者的咨询目标，搜集来访者现有状况的资料，抓取来访者在某些维度上需要整合的坑洞或卡点。通过这几个维度，咨询师帮助来访者设计咨询框架，确定咨询次数，并和来访者建立一个固定的访谈关系，约好咨询时间，开展后续工作。

3.有始有终

心理咨询要做到有始有终，不仅是每一次咨询要有始有终，整个咨询都要有始有终。咨询师从出发点到目的地的过程中，心里始终要有一个"导航"，清楚每一次能够支持来访者在哪些方面实现整合。比如咨询师要帮助来访者整合亲密关系，那么在咨询过程中，他和同事的关系、和其他所有异性的关系都需要整合。只有当咨询师知道最核心的咨询目标，才不会偏离方向，也不会被来访者的陈述带跑。即便来访者这次讲个故事，下次再讲个故事，咨询师也要时刻记得把咨询重心拉回到亲密关系这个问题上。这样才能保证来访者的每一次咨询都是有始有终的，每个维度的工作也是有始有终的。

而且，咨询师还要注意对来访者咨询状态的积极转化和引导。比如咨询师要处理来访者和其爸爸的关系，那就从这个起点开始，帮助来访者在内在画面中和爸爸和解。也就是说，咨询师要帮助来访者实现从一个有问题的画面到一个有资源的画面的转化。通过各种不同的分析解读，并配合相应练习，最终使来访者想到爸爸的时候，原来固着的疏离画面变成温暖的、有支持力的画面。这样，来访者每次离开咨询室的时候都比来的时候状态更好一些，他就能带着有资源的、有支持力的、有未来导向的画面回到生活中。

后记二　幸福的真相：用心理学助力生活与成长◦————

1.学会向内审视自己

心理咨询有没有效果到底取决于什么？换句话说，咨询真正的、核心的、根源性的效果和作用是什么？很多来访者来做咨询时，他的问题焦点都是放在别人身上。当咨询真正有效果的时候，来访者能把所有指向外面的手都收回，这并不意味着指向自己，而是开始清楚自己是一切的源头。这样他就多了一双看自己的眼睛，会用外界给自己照镜子。

任何外部世界都是对自我的镜映，如果我们脸上有一颗痣，没有人告诉我们，我们永远不知道。如果有人指出来，我们还会认为对方故意挑毛病。可是当我们自己照镜子时，就会发现自己原来真的有颗痣。想要自己看上去不同，只有自己去点痣，这样别人看我们的眼光才会不一样。这是来访者最欠缺的一点——自我认知力。只要通过外部世界审视自我状态，成长才能真正发生。

2.保有灵活的人格状态

心理咨询中，**真正影响来访者的，是比技术更重要的咨询师的人格魅力**。人格能量是可以互相影响的，如果来访者和一个比较放松、有力量的咨询师在一起，他就能把咨询师的生命能量带回自己的生活中；如果来访者很容易愤怒、喜欢挑剔，咨询师便需要用灵活、幽默的方式去化解他的困扰。**幸福心理学的一个重要核心是灵活，灵活是人生有**

效的**"润滑剂"**。如果我们是一个灵活的人，在面对万变的世界时就不会有太多的恐慌。

我们的每一个心灵练习都是一套新的策略的学习，都能够帮助我们的人格状态变得更灵活。**想要人格状态变得灵活就要把父母身上没有的所有部分刻意活出来。也就是说，我们要和自己的父母活得不一样。**对父母而言，当父母不去控制孩子，不去要求孩子活得和自己一样，活出自己想要的样子时，孩子就变得灵活了。灵活能增加一个人的自信，当他灵活了，做事情的效果好了，自然就能肯定自己。如果一个人在生活中总是失败，那么他就急需学习一些更灵活的生活方式。所以，灵活的人格状态、鲜活的人格魅力，是一个人靠近幸福真相的一大要素。

灵活，意味着提防投射。有些关系之所以会有纠缠，其实源自投射，而且在专业咨询中，投射也很容易发生。和咨询师初次见面时，来访者很容易会对咨询师产生一系列投射。比如，咨询师经常被来访者投射成父母，如果咨询师比较唠叨，那当他面对一个青少年来访者时，来访者很容易就对他产生抗拒、反感。事实上，来访者反感的不是咨询师，而是自己的父母。那么，在生活中，我们如何能及时敏锐地觉察并避免投射产生的负面作用呢？

当我们对某人存有情绪时，我们要去分析这种情绪跟对方有多大关系，很可能只是和自己曾经生活中的某人有关。这时我们可以运用自我曝光技术来反思："在生活里，谁最容易让我产生这样的情绪？"这样我们就把焦点从对人转向对情绪，把情绪作为分析对象，将其从当前关系中剥离出来。

　　在心理咨询中，来访者对咨询师容易产生投射，而且咨询师也常会产生投射，比如把来访者当成自己的孩子。一旦咨询师和来访者有冲突，咨询师要先把自己有情绪的部分"打包"，避免角色混乱。咨询师要先引导来访者放下对自己的投射，使两个人之间的关系得到缓和，再去处理自己的投射。否则这看起来是两个人之间的关系，但实际上是四个人的关系，当这四个人都搅在咨询场域中时，关系就混乱了。因此，如何把投射的部分剥离出来是很重要的，在咨访关系里要时刻警惕这些，如果咨询师实在难以支持来访者，应及时将他转介给其他咨询师，这样做既是对来访者的支持，也是对自我的保护。

　　还有一些来访者在面对男咨询师和女咨询师时，投射的角色是不一样的。我（徐秋秋）之前接待过一个男性来访者，他明显表现出对女性的不屑。我把感受到的这种不屑作为一个切入点，去与他探讨自己跟妈妈的关系："你对妈妈的态度怎么样？这可能就是你现在的关系出现问题的根源。"当咨询师能从来访者的投射作为切入点，来访者就会有明显变化，这是因为我有力量直面这种负面体验。可是如果我也向他投射，比如从小爸爸就嫌弃我是一个女孩，使我对男性也有敌意，于是，开始和他"战斗"，就好像和爸爸"战斗"一样，这样咨询就不会有效果了。

　　当我们的人格越健全，对自己的问题处理得越顺畅，活得越通透，就越能强有力地成为来访者的一面镜子。在一段好的咨访关系中，咨询师就是一面镜子。这面镜子除了能够镜映来访者，还能帮他整合自己，让他看到自己的问题，看到内在那些美好和爱的部分，以及自己都不了解的那些深层次问题。